제 3 판

알기쉬운 전기응용

육 재 호 저

B.C.Info

머리말

최근 산업이 고도로 발전됨에 따라 조명, 전열, 전기 철도, 전기 화학 등 여러 전기 응용 분야에서 비약적인 발전이 이루어졌다. 따라서 이들 분야에 대한 심도 깊은 이해는 전기 공학을 전공하는 학생은 물론 실무자들에게 필수적이라 할 수 있다.

이 책은 기존 교과서의 논술방식을 탈피하여 핵심적인 사항만으로 내용을 구성하고, 누구나 이해하기 쉽도록 해설하였으며, 또한 기사, 산업기사, 기술사 시험 등에 도움이 되도록 자주 출제되는 기출문제를 선별 정리하였다.

〈전기 응용〉은 총 4편으로 구성하였으며, 세부 내용은 다음과 같다.

제 1 편 조명 공학 : 조명 계산, 조명 설계, 방전등에 대해 다루었다.
제 2 편 전열 공학 : 전열 계산, 전열 재료, 전기로, 전기 용접 등에 대해 소개하였다.
제 3 편 전기 철도 : 전기 철도 전원 및 설비, 전기운전설비, 열차운전 등에 대해 기술하였다.
제 4 편 전기 화학 : 전기 화학 기초, 전지, 전기 분해에 대해 기술하였다.

이 책은 대학 교재뿐만 아니라 기사, 산업기사, 기술사 등의 참고 도서로 활용할 수 있으며, 전기 응용 분야를 공부할 때 많은 도움이 되리라 본다.

끝으로, 이 책이 출판될 수 있도록 힘써주신 복두출판사 여러분에게 깊이 감사드립니다.

저자 씀

CONTENTS

제 1 편 조명 공학

제 2 편 전열 공학

제 3 편 전기 철도

제 4 편 전기 화학

1 조명공학

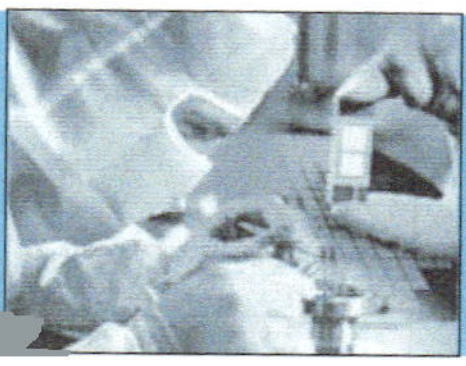

제1장 조명의 기초

1.1 빛 (Light)

빛이란 좁은 의미로 전자기파(Electromagnetic Wave) 중 파장이 400~700nm인 가시광선을 말하나, 넓은 의미로는 자외선(10~380nm), 적외선(750nm~1mm), X선 등 모든 전자기파를 의미한다. 물리학에서는 주로 넓은 의미로 쓰인다.

빛은 파동성과 입자성의 이중 성질을 가지고 있다. 반사, 굴절 등은 빛의 파동성을 나타내며, 광전 효과 및 콤프턴 효과는 빛의 입자성을 나타낸다.

진공 중 빛의 속도 c[m/s], 주파수(진동수) ν[Hz], 파장 λ[m]의 사이에는 다음의 관계가 있다. 공기 중 빛의 속도는 진공 속도보다 느리지만 큰 차이는 없다.

$$c = \lambda\nu \tag{1.1}$$

여기서, $c = 3 \times 10^8 [\mathrm{m/s}]$

1.2 시감도 (Luminous Efficiency)

파장이 380~760nm 범위인 광선이 눈 속에 들어오면 뇌로 전달되어 빛으로 느껴진다. 이때 파장이 555nm인 빛이 가장 밝게 느껴지며, 이것보다 파장이 길어지거나 짧아지면 밝음의 느낌이 감소한다. 이와 같이 어떤 파장의 에너지가 빛으로 느껴지는 정도를 **시감도**라 하며, 복사속에 대한 광속의 비로 나타낸다.

$$K = \frac{F}{\Phi} [\mathrm{lm/W}] \tag{1.2}$$

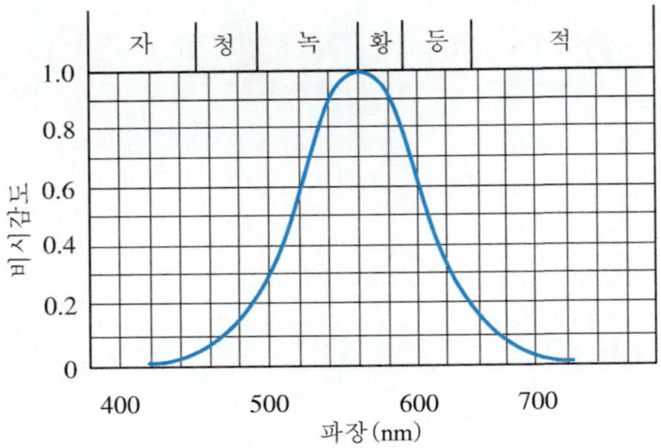

[그림 1.1] 비시감도 곡선

최대 시감도는 680 lm/W로서 파장이 555nm인 황록색의 경우에 나타나며, 이에 대한 다른 파장의 시감도의 비를 **비시감도**(Relative Luminous Efficiency)라고 한다.

앞의 그림 1.1은 각 파장에 대한 비시감도를 곡선으로 나타낸 것으로 **비시감도 곡선**이라고 한다.

1.3 색온도(Color Temperature)

흑체를 가열하면 가열온도를 높임에 따라 적색에서 백색으로 변화한다. 어떤 온도에서 흑체의 광색과 광원의 광색이 같을 때, 그 흑체의 온도를 광원의 **색온도**(Color Temperature)라고 한다. 각 광원의 색온도를 표 1.1에 나타내었다.

[표 1.1] 주요 광원의 색온도

램프 종류	색온도(oK)
형광등(전구색)	2700
형광등(백 색)	4100
형광등(주광색)	6500
고압 수은등	5800
메탈 할라이드등	5000
고압 나트륨등	2100

1.4 연색성 (Color Rendering)

자동차를 운전할 때 나트륨등으로 조명된 터널 속에 들어가면 얼굴색이 달라 보인다. 또, 형광등의 조명 아래서 산 옷이 건물 밖으로 나오면 약간 색조가 다르다. 이와 같이 광원에 따라 물체의 색감에 영향을 주는 성질을 **연색성**(Color Rendering)이라 한다. 이 연색성을 수치로 표시한 것을 연색평가수(Ra)라 하며, 연색평가수 100이란 그 광원의 연색성이 기준광과 동일하다는 것을 뜻한다.

연습 문제

1. 가시광선, 자외선, 적외선 파장영역에 대해 설명하여라.

2. 비시감도에 대해 설명하여라.

3. 색온도에 대해 설명하여라.

4. 연색성에 대해 설명하여라.

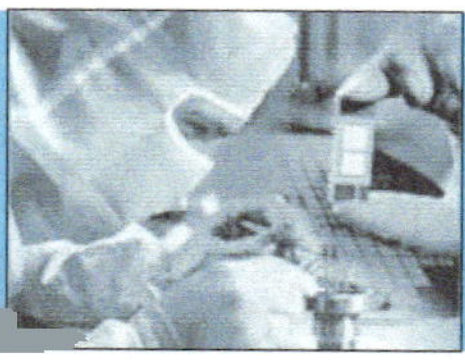

제 2 장 조명 계산

2.1 광속 (Luminous Flux)

소비전력이 서로 같은 백열전등과 형광등을 비교하면 백열전등에 비해 형광등이 훨씬 밝게 느껴진다. 이것은 형광등에서 발산되는 빛의 양이 백열전등보다 훨씬 많기 때문이다. 즉, 단위 시간 t당 임의 면을 통과하는 빛의 양 Q를 **광속**(luminous flux)이라 하며, 단위로는 루멘(lumen ; lm)을 사용한다.

$$F = \frac{Q}{t}[\text{lm}] \tag{1.3}$$

2.2 광도 (Luminous Intensity)

모든 방향으로 광속이 발산되고 있는 점광원에서 어떤 방향의 **광도**(Luminous Intensity)라 함은 그 방향의 단위 입체각에 포함되는 광속, 즉 발산광속의 입체각 밀도를 말한다. 단위로는 칸델라(Candela ; cd)를 사용한다. 자동차의 헤드라이트나 회중전등은 렌즈나 반사경의 도움으로 대단히 밝은 빛을 낼 수 있는데, 이것은 광원이 발산하고 있는 광속을 일정 방향으로 모아 광도를 높게 하였기 때문이다.

그림 1.2와 같이 입체각 ω(Steradian ; sr) 내에서 광속 F[lm]가 고르게 발산되면, 광도 I는

$$I = \frac{F}{\omega}[\text{cd}] \tag{1.4}$$

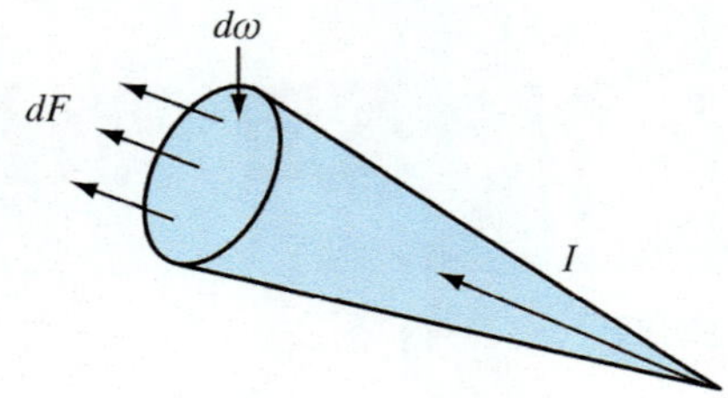

[그림 1.2] 입체각과 광도

예제 1

평균 구면광도가 200 cd인 전구로부터의 총 발산광속은 얼마인가?

풀이 구광원의 전광속 F는 $4\pi I$이므로

$$F = 4\pi I = 4\pi \times 200 = 2513\,\text{lm}$$

예제 2

다음 그림과 같이 점광원으로부터 원뿔의 밑변까지의 거리가 10 m 이고, 밑변의 지름이 4 m 인 원형면에 입사되는 광속이 10,000 lm 이라면, 이 점광원의 평균 광도는?

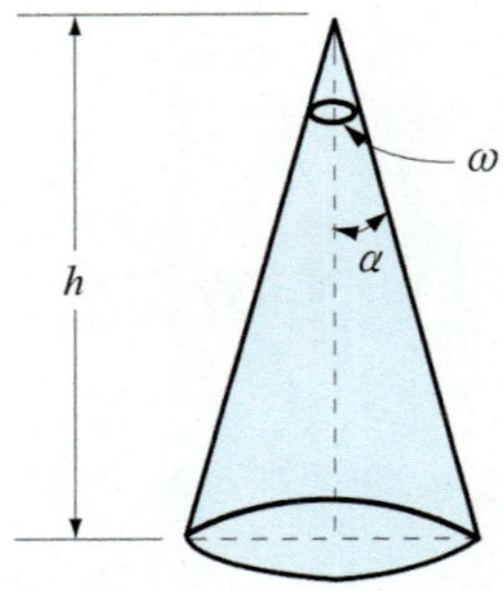

풀이 입체각 ω는

$$\omega = 2\pi(1 - \cos\alpha) = 2\pi\left(1 - 10/\sqrt{10^2 + 2^2}\right)$$

에서

$$\therefore\ I = \frac{F}{\omega} = \frac{10000}{2\pi\left(1 - 10/\sqrt{10^2 + 2^2}\right)} = 81950\,\text{cd}$$

2.3 조도 (Illumination)

어떤 물체에 광속이 입사하면 그 면은 밝게 빛나게 되고, 그 밝기 정도를 **조도**(Illumination)라고 한다. 조도의 크기는 어떤 면에 입사되는 광속의 밀도를 나타내는데 그림 1.3과 같이 $S[\mathrm{m}^2]$의 면적에 $F[\mathrm{lm}]$의 광속이 입사되면 그 면에서의 조도 E는 다음과 같다.

$$E = \frac{F}{S}[\mathrm{lx}] \tag{1.5}$$

조도의 단위는 럭스(lux ; lx) 또는 포트(phot ; ph)가 있다.

$$[\mathrm{lx}] = [\mathrm{lm/m^2}]$$
$$[\mathrm{ph}] = [\mathrm{lm/cm^2}]$$

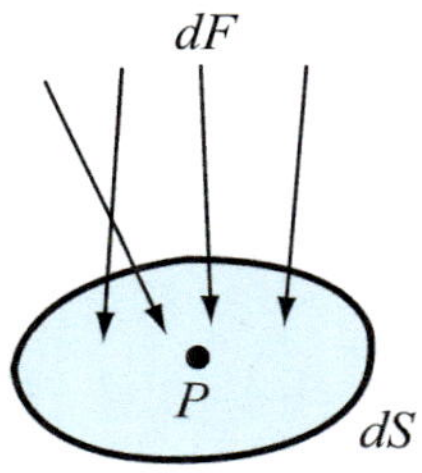

[그림 1.3] 조도

(1) 거리 역 제곱의 법칙 (Inverse-square Law)

일정 광도의 점광원으로부터 떨어져 있는 여러 곳의 조도는 거리에 따라 달라진다. 광도 $I[\mathrm{cd}]$인 균등 점광원을 반지름 $r[\mathrm{m}]$인 구의 중심에 놓을 경우 구면 위의 모든 점의 조도 E는 다음과 같다.

$$E = \frac{F}{S} = \frac{4\pi I}{4\pi r^2} = \frac{I}{r^2}[\mathrm{lx}] \tag{1.6}$$

그림 1.4와 같이 조도는 어떤 점광원으로부터 떨어져 있는 거리 r의 제곱에 반비례하므로 이 법칙을 **거리 역 제곱의 법칙**이라고 한다.

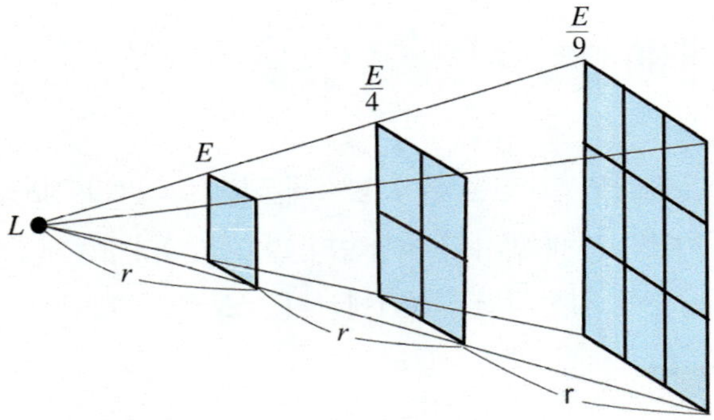

[그림 1.4] 거리 역 제곱의 법칙

(2) 입사각 코사인 법칙 (Cosine Law of Incident Angle)

물체의 어떤 면에 평행 광속이 입사될 경우 조도는 입사되는 평행 광속에 대해 그 피조면이 얼마나 기울어져 있는지의 그 입사각에 따라 달라진다. 그림 1.5에서 평행한 광속 F[lm]가 면적 $S_1[\mathrm{m}^2]$의 피조면에 직각으로 입사할 경우 이 면의 조도 E_1은 다음과 같다.

$$E_1 = \frac{F}{S_{1\,[\mathrm{lx}]}} \tag{1.7}$$

또한, 같은 광속이 면 $S_1[\mathrm{m}^2]$으로부터 각이 θ만큼 기울어진 면 $S_2[\mathrm{m}^2]$에 입사하면 면 S_2에서의 조도 E_2는 다음과 같다.

$$E_2 = \frac{F}{S_{2\,[\mathrm{lx}]}} \tag{1.8}$$

그런데 $S_2 = \dfrac{S_1}{\cos\theta}$ 이므로 E_2는 다음과 같이 나타낼 수 있다.

$$E_2 = \frac{F}{S_2} = \frac{F}{\dfrac{S_1}{\cos\theta}} = \frac{F}{S_1}\cos\theta = E_1\cos\theta\ [\mathrm{lx}] \tag{1.9}$$

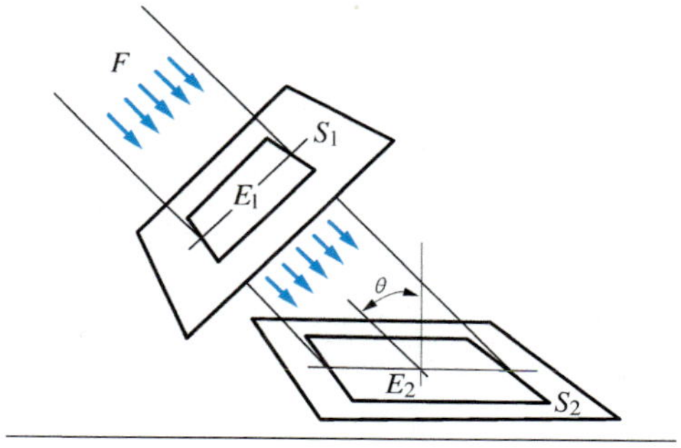

[그림 1.5] 입사각 코사인 법칙

즉, 입사각 θ인 면의 조도 E_2는 빛의 입사각 θ의 코사인, 즉 $\cos\theta$에 비례하는 것을 알 수 있다. 이 관계를 **입사각 코사인 법칙**이라고 한다.

(3) 법선, 수평면, 수직면 조도

높이 h[m]에 있는 광원의 바로 아래로부터 d[m] 떨어진 점의 조도를 생각해 보기로 한다. 점광원으로부터의 빛의 방향에 직각인 면상의 조도를 **법선 조도**(Normal Illumination)라 한다.

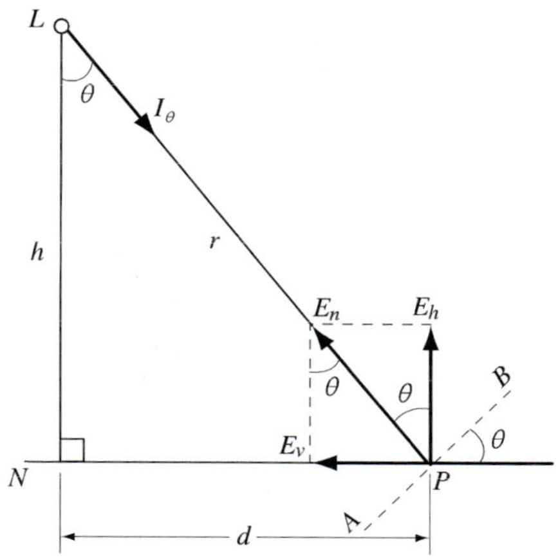

[그림 1.6] 점광원의 조도

역 제곱의 법칙으로부터 광원으로부터 P점으로 향하는 광도를 I_θ[cd]이라 하면, 그림 1.7에서 AB면상의 조도 E_n은 광원으로부터 P점까지의 거리를 r이라 할 때

$$E_n = \frac{I_\theta}{r^2} \tag{1.10}$$

지면상이나 책면상과 같이 수평인 면의 조도를 **수평면 조도**(Horizontal Illumination)라 한다. 일반적으로 조도라 하면 수평면 조도를 말한다. 광원으로부터 P점으로 향하는 방향이 수직 방향과 이루는 각이 θ라면, 수평면은 AB와 θ인 각을 이룬다. 그래서 AB면을 θ만큼 기울여서 수평으로 할 경우의 수평면 조도 E_h 는

$$E_h = E_n \cos\theta = \frac{I_\theta}{r^2}\cos\theta \tag{1.11}$$

로 된다. 또한, 벽과 같이 수직면상의 조도를 **수직면 조도**(Vertical Illumination)라 한다. 이것은 그림 1.6에서 AB면이 90°-θ만큼 기울어진 것이 되므로 수직면 조도 E_c 는 다음과 같이 구해진다.

$$E_v = E_n \cos(90° - \theta) = \frac{I_\theta}{r^2}\sin\theta \tag{1.12}$$

(4) 반구형 천장, 평원판 광원에 의한 조도

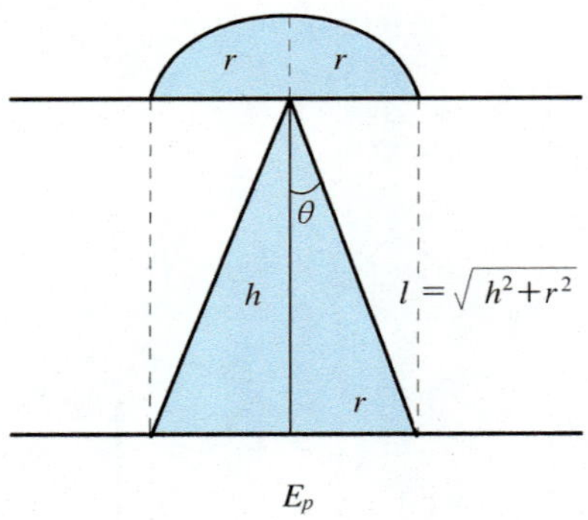

[그림 1.7] 반구형 천장 조도

그림 1.7과 같이 반구형 천장의 반지름을 r이라 하고, 중심에서 바로 밑 h[m]의 면에 생기는 조도 E_p 는 다음 식으로 구할 수 있다.

$$E_p = \pi B \sin^2\theta \text{ 에서}$$

$$\sin\theta = \frac{r}{\sqrt{h^2 + r^2}} \text{ 이므로}$$

$$E_p = \pi B\left(\frac{r}{\sqrt{h^2+r^2}}\right)^2$$

$$\therefore \quad E_p = \frac{\pi B r^2}{h^2+r^2}[\mathrm{lx}] \tag{1.13}$$

(5) 구형 광원 조도

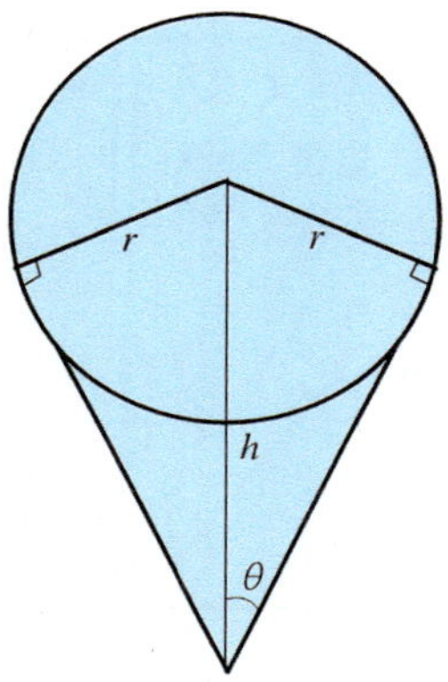

[그림 1.8] 구형 광원 조도

그림 1.8과 같이 표면의 휘도가 $B[\mathrm{cd/m^2}]$이고 반지름 r인 구형 광원의 중심에서 바로 밑 $h[\mathrm{m}]$면에 생기는 조도 E_p는 다음과 같다.

$$E_p = \pi B \sin^2\theta \text{ 에서}$$

$$\sin\theta = \frac{r}{h} \text{ 이므로}$$

$$E_p = \pi B\frac{r^2}{h^2}$$

$$\therefore \quad E_p = \frac{\pi B r^2}{h^2}[\mathrm{lx}] \tag{1.14}$$

예제 3

60 W 전구를 책상 위 2 m인 곳에서 점등하였을 때, 전구 바로 밑의 조도가 18 lx 가 되었다. 이 전구를 50 cm만큼 책상 쪽으로 가까이 할 때의 조도(lx)는?

풀이 조도는 거리의 제곱에 반비례하므로 최초의 조도가 E, 50 cm 가까이 할 때의 조도가 E' 라면

$$\frac{E'}{E} = \left(\frac{2}{1.5}\right)^2$$

$$\therefore \ E' = E\left(\frac{2}{1.5}\right)^2 = 18 \times \left(\frac{2}{1.5}\right)^2 = 32\,\text{lx}$$

예제 4

다음 그림과 같이 높이 3 m의 가로등 A, B가 8 m의 간격으로 배치되어 있고, 그 중앙 P점에서 조도계를 A를 향하여 측정한 법선 조도가 1 lx, B를 향하여 측정한 법선의 조도가 0.8 lx 라 한다. P점의 수평면 조도는 몇 lx인가?

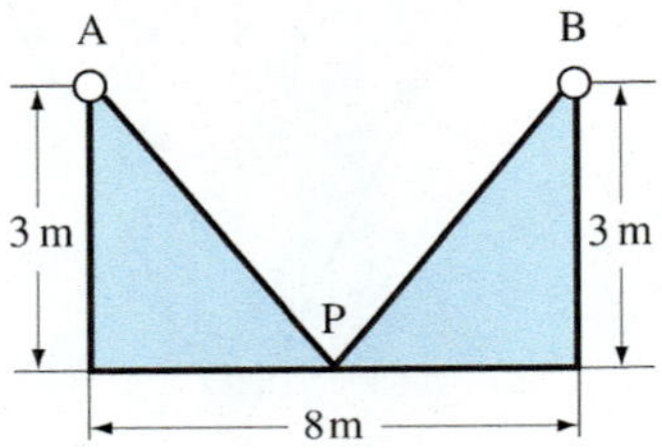

풀이 A에 의한 법선 조도를 E_{nA}, B에 의한 법선 조도를 E_{nB} 라 하고, 각각의 수평면 조도 E_{hA}, E_{hB} 는 입사각을 아래의 오른쪽 그림과 같이 θ라 하면

$$E_{hA} = E_{nA}\cos\theta$$

$$E_{hB} = E_{nB}\cos\theta$$

$$\cos\theta = \frac{3}{\sqrt{3^2+4^2}} = \frac{3}{5}$$

P점의 수평면 조도 E_h는

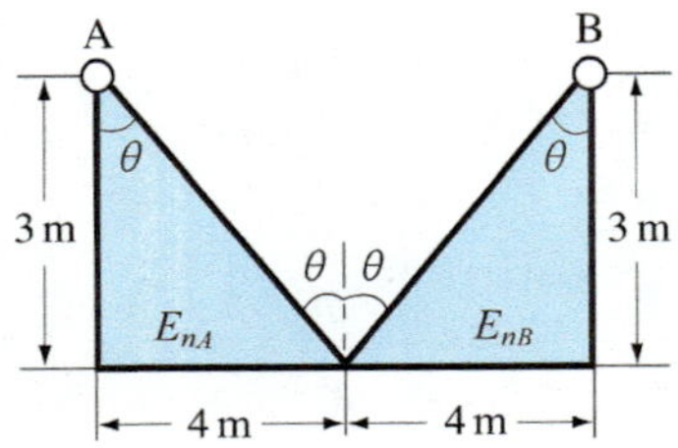

$$E_h = E_{nA}\cos\theta + E_{nB}\cos\theta$$
$$= (En_A + En_B)\cos\theta$$
$$= (1 + 0.8) \times \frac{3}{5}$$
$$= 1.08\,\text{lx}$$

예제 5

다음 그림과 같은 반구형 천장이 있다. 그 반지름은 2 m, 휘도는 80 cd/m^2 이고 균일하다. 이때 4 m 거리에 있는 바닥의 중앙점 조도(lx)는?

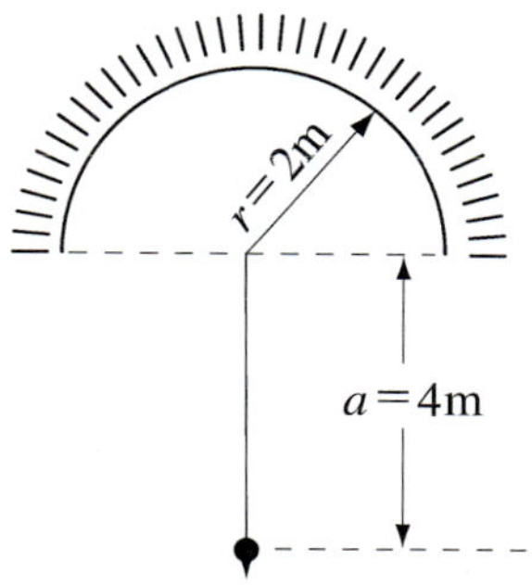

풀이 $E = \pi B \sin^2\theta$ 식에서 $\sin\theta = \dfrac{r}{\sqrt{r^2 + a^2}}$을 대입하면

$$\therefore\ E = \frac{\pi r^2 B}{r^2 + a^2} = \frac{3.14 \times 2^2 \times 80}{2^2 + 4^2} = 50.24\,\text{lx}$$

2.4 휘도 (Luminance)

광원을 바라볼 때 똑같은 광도를 가진 광원이라도 우윳빛 글로브(Globe)를 씌운 전구를 바라볼 때와 투명 전구를 바라볼 때와는 눈부심, 즉 빛나는 정도가 다르다. 이와 같이 광원의 빛나는 정도를 **휘도**(Luminance)라 한다. 어느 광원을 바라본 투영면적을 $S\,[\mathrm{m}^2]$라 하고, 그 방향의 광도를 $I\,[\mathrm{cd}]$ 라고 하면, 휘도 $B\,[\mathrm{cd/m^2}]$는 다음과 같다.

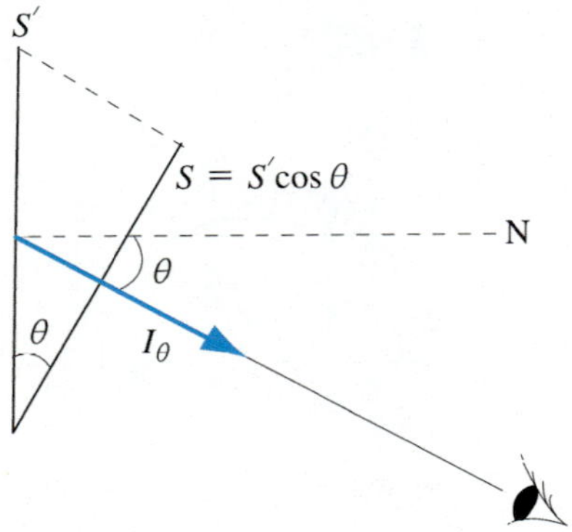

[그림 1.9] 휘도

$$B = \frac{I}{S}\ [\mathrm{cd/m^2}] \tag{1.15}$$

휘도는 단위 중에서 니트(nit ; nt) 또는 스틸브(stilb ; sb)가 있다.

$$[\mathrm{nt}] = [\mathrm{cd/m^2}]$$
$$[\mathrm{sb}] = [\mathrm{cd/cm^2}]$$

예제 6

지름 38 mm, 길이 580 mm인 형광 방전관의 길이와 직각 방향의 광도를 측정한 결과 75 cd였다고 하면 이 광원의 표면상의 휘도(cd/m²)는 얼마인가?

풀이 $S = 38 \times 10^{-3} \times 580 \times 10^{-3} = 22040 \times 10^{-6}\ [\mathrm{m^2}]$

$$\therefore\ B = \frac{I}{S} = \frac{75}{22040 \times 10^{-6}}$$
$$= 3402.9\ \mathrm{cd/m^2}$$

2.5 광속 발산도 (Luminous Radiance)

어떤 물체가 보이는 것은 그 물체에서 발산된 광속이 우리 눈에 들어오기 때문이며, 물체의 밝음은 눈의 방향으로 발산되는 광속밀도에 따라 다르다. 여기에서 어떤 면의 단위 면적으로부터 발산되는 광속을 **광속 발산도**라 한다. 단위로는 라들럭스(Radlux ; rlx) 또는 람베르트(Lambert ; L)를 사용한다.

광속 F[lm]를 발산하는 어떤 면의 면적을 S[m^2]라고 하면, 이 면에 대한 광속 발산도 R[rlx]은 다음과 같다.

$$R = \frac{F}{S}\,[\mathrm{lm/m^2}]$$

$$[\mathrm{rlx}] = [\mathrm{lm/m^2}] \qquad (1.16)$$

$$[\mathrm{L}] = [\mathrm{lm/cm^2}]$$

2.6 완전 확산면 (Perfect Diffusing Surface)

어느 방향에서 보아도 휘도가 같은 표면을 **완전 확산면**이라 한다. 완전 확산면은 실제로 존재하기 어려운 이상적인 면이지만, 이에 가까운 유백색 유리구, 가을하늘 등을 완전 확산면으로 취급한다.

(1) 람베르트 코사인 법칙 (Lambert's Cosine Law)

광원의 미소 면적 dS[m^2]의 법선 방향의 광도를 dI_n[cd], 그 방향의 휘도를 B_n[cd/m^2], 법선의 θ각을 이룬 방향의 광도를 dI_θ[cd], 그 방향의 휘도를 B_θ[cd/m^2]라 하면,

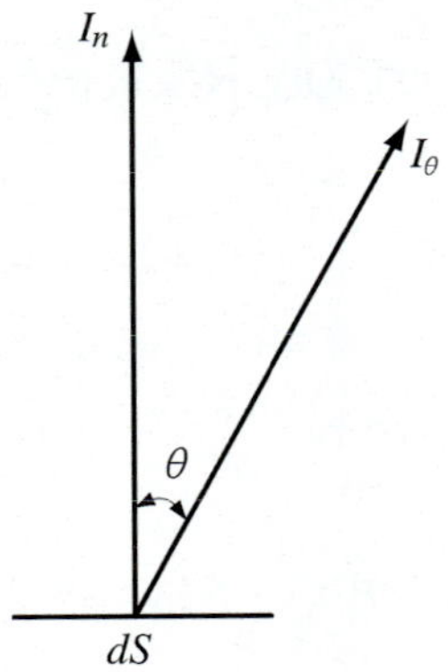

[그림 1.10] 람베르트 코사인 법칙

그림 1.10에서

$$B_n = \frac{dI_n}{dS}, \quad B_\theta = \frac{dI_\theta}{dS\cos\theta} \tag{1.17}$$

만약 이 면을 완전 확산면이라 하면 방향에 관계없이 휘도는 같으므로

$$B_\theta = B_n, \quad dI_\theta = dI_n\cos\theta \tag{1.18}$$

즉, 임의의 방향의 광도 dI_θ는 법선 방향의 광도 dI_n에 $\cos\theta$를 곱한 것이다. 이것을 **람베르트 코사인 법칙**이라고 한다.

(2) 휘도와 광속 발산도와의 관계

완전 확산면에 있어서는 휘도 $B[\mathrm{cd/m^2}]$와 광속 발산도 $R[\mathrm{lm/m^2}]$와의 사이에 $R=\pi B$의 관계가 있다.

증명 그림 1.11에서 dS를 완전 확산면의 미소 면적으로 하고, 그 휘도를 $B[\mathrm{cd/m^2}]$로 한다. 지금 dS로부터 발산하는 전광속을 구하기 위해서 dS에 접한 반지름 $r[\mathrm{m}]$ 구면을 생각해서 그 중심을 0이라 하면, 구면상의 임의의 점 P와 dS와의 거리는 $1=2r\cos\theta$로 주어진다. 단, θ는 dS와 점 P를 잇는 선분과 dS 또는 점 P를 통하는 반지름 사이의 각이다.

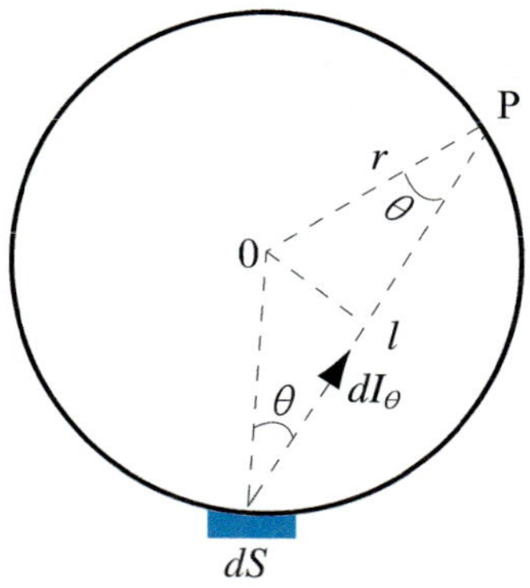

[그림 1.11] 휘도와 광속 발산도

점 P를 향한 dS의 광도를 dI_θ라 하면

$$B = \frac{dI_\theta}{dS\cos\theta}$$

$$dI_\theta = BdS\cos\theta$$

점 P에 있어서의 구면상의 조도는

$$E = \frac{dI_\theta}{l^2}cos\theta = \frac{BdS\cos^2\theta}{4r^2\cos^2\theta} = \frac{BdS}{4r^2}$$

로 주어진다. 따라서 구면 전체가 받는 광속, 즉 dS가 발산하는 전광속은 구면의 면적이 $4\pi r^2$ 이므로

$$dF = \frac{BdS}{4r^2} \times 4\pi r^2 = \pi BdS$$

따라서 광속 발산도를 $R[\mathrm{lm/m^2}]$라 하면 다음 관계를 얻는다.

$$R = \frac{dF}{dS} = \frac{\pi BdS}{dS} = \pi B[\mathrm{lm/m^2}] \tag{1.19}$$

2.7 반사율, 투과율, 흡수율

물체에 F[lm]의 광속이 투사하여 그 일부 F_1[lm]이 반사하고, 다른 일부 F_2[lm]가 투과하면 물체에 흡수된 광속은 $F-F_1-F_2$이 된다. 이때

$$\rho = \frac{F_1}{F}, \qquad \tau = \frac{F_2}{F}, \qquad \alpha = \frac{F-F_1-F_2}{F} \tag{1.20}$$

여기서, $\rho+\tau+\alpha=1$인 관계가 성립된다. 이 ρ, τ, α를 각각 **반사율**(Reflection Factor), **투과율**(Transmission Factor), **흡수율**(Absorption Factor)이라 한다.

2.8 발광효율 및 전등효율

광원으로부터 발산되는 전복사속 Φ[W]와 육안으로 느끼는 전광속 F[lm]와의 비를 **발광효율**(Luminous Efficiency)이라 한다. 즉, 발광효율을 ϵ으로 표시하면

$$\epsilon = \frac{F}{\Phi}\ [\text{lm/W}] \tag{1.21}$$

가 되고, 최대 시감도시 발광효율은 680 lm/W이다. 실제로 광원에서 나오는 에너지는 전도, 대류, 복사 등에 의하여 소비되므로 광원에서 소비되는 에너지는 광원에서 발산되는 전복사속보다 많다. 광원의 전소비전력 P[W], 광원의 전발산광속을 F[lm]라 하면 **전등효율**(Lamp Efficiency) η는 다음과 같다.

$$\eta = \frac{F}{P}\ [\text{lm/W}] \tag{1.22}$$

예제 7 휘도 B[nt], 반지름이 r[m]인 등휘도 완전 확산성 구광원의 전광속 F[lm]는 얼마인가?

풀이 $R = \pi B[\text{lm/m}^2], \qquad S = 4\pi r^2\,[\text{m}^2]$

이므로 완전 확산성 구광원의 전광속 F는

$\therefore\ F = RS = \pi B \cdot 4\pi r^2 = 4\pi^2 r^2 B\,[\text{lm}]$

예제 8

투과율이 40%의 완전 확산성의 우유색 유리판을 천장 뒤에서 조사하여 방바닥에서 본 휘도를 $0.2\,cd/cm^2$로 하려면 천장 뒤의 유리면의 조도는 얼마인가?

풀이 천장 뒤의 유리면의 조도를 E, 유리면 밑의 광속 발산도를 R, 투과율을 τ, 휘도를 B라 하면

$$R = \pi B \quad \text{또는} \quad R = \tau E$$

$$\therefore \ \tau E = \pi B$$

$$\therefore \ E = \frac{\pi B}{\tau} = \frac{\pi \times 0.2 \times 10^4}{0.4} = 15700\ \text{lx}$$

예제 9

반사율 60 %, 흡수율 20 %를 가지고 있는 물체에 2,000 lm의 빛을 비추었을 때, 투과되는 광속(lm)은?

풀이 $\rho + \tau + \alpha = 1$

$$\therefore \ \tau = 1 - \rho - \alpha = 1 - 0.6 - 0.2 = 0.2$$

투과 광속 F_τ는

$$\therefore \ F_\tau = \tau F = 0.2 \times 2000 = 400\ \text{lm}$$

2.9 루소 선도 (Rousseau Diagram)

루소 선도를 통해 광원의 배광곡선으로부터 광원의 총 광속을 간단히 구할 수 있으며, 이를 설명하면 다음과 같다.

그림 1.12에서와 같이 우선 배광곡선의 오른쪽 반을 그린다. 다음에 광 중심점 p를 중심으로 하여 임의의 반지름 R로 오른쪽 반원을 그린다. 다음에 오른쪽에 수직선 YOY'를 긋고 반지름의 끝으로부터 수평선을 긋는다.

그 다음 $p-a$, $p-b$, $p-c$, $\cdots$, $p-m$ 각각의 거리만큼을 YOY' 선으로부터 나타낸 a', b', c', $\cdots$를 얻는다. 그리고 이들 점을 연결하면 1개의 곡선 $Y'a'b'c'd' \cdots j'k'l'm'Y$가 얻어진다. 이것이 루소 선도이며, YOY' 선으로 둘러싸인 면적 $OY'a'b' \cdots m'YO$를 $2\pi/R$배 하면 광원의 전광속이 된다.

$$\text{광원의 전광속} : F = \frac{2\pi}{R} \times (\text{루소 선도의 면적}) \tag{1.23}$$

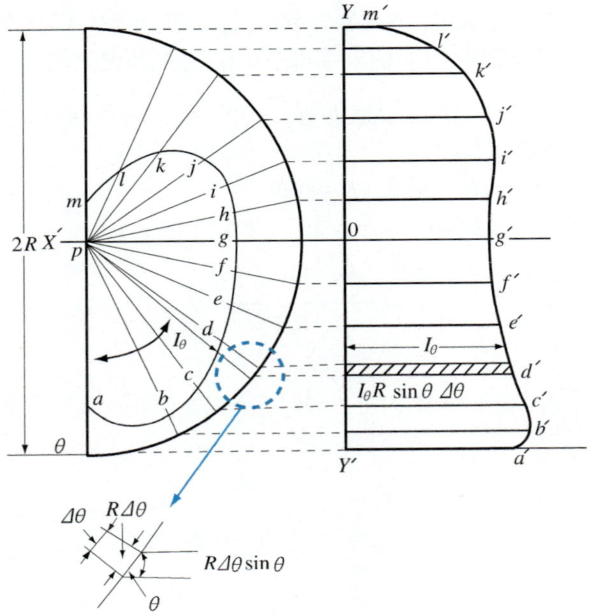

[그림 1.12] 루소 선도

(1) **구형 광원**

균등한 광도를 I_a 라 하면 $x = I_\theta = I_a$ 이므로, 루소 선도는 기선으로부터 I_a 만큼 떨어져서 평행인 그림 1.13의 (b)와 같이 직선이 되며, 루소 선도의 면적 S 는 $S = 2RI_a$ 로 표시되므로

$$F = \frac{2\pi}{R} \times S = \frac{2\pi}{R} \times 2RI_a = 4\pi I_a \tag{1.24}$$

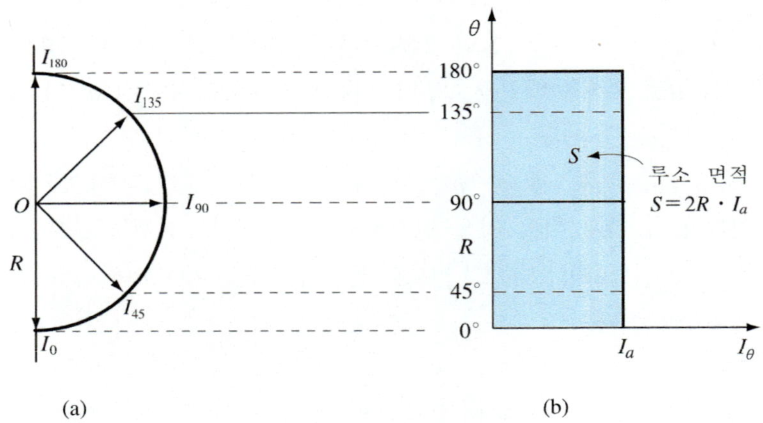

[그림 1.13] 구형 광원의 배광곡선과 루소 선도

(2) 원통 광원

최대 광도를 I_b 라 하면 $I_\theta = I_b \sin\theta$로 된다. 그러므로

$$x = I_b \sin\theta$$

$$y = -R\cos\theta$$

이 두 식으로부터 θ를 소거하기 위하여 sin2θ + cos2θ = 1을 사용하면

$$\frac{x^2}{I_b^2} + \frac{y^2}{R^2} = 1$$

이 되고, 이는 횡축이 I_b, 종축이 R인 원이 되므로 그림 1.14의 (b)와 같은 곡선으로 된다.

$$F = \frac{2\pi}{R} \times S = \frac{2\pi}{R} \times \frac{\pi R I_b}{2} = \pi^2 I_b \tag{1.25}$$

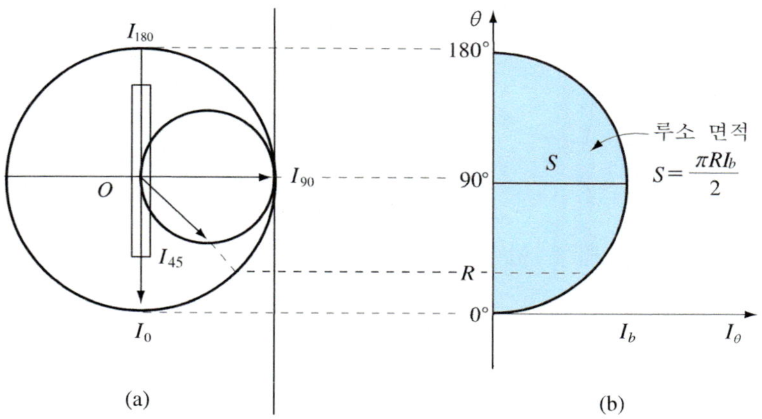

[그림 1.14] 원통 광원의 배광곡선과 루소 선도

(3) 평원판 광원

최대 광도를 I_c라 하면 $I_\theta = I_c \cos\theta$ 로 되므로

$$x = I_c \cos\theta$$

$$y = -R\cos\theta$$

x의 식으로부터 $\cos\theta$를 구하여 y에 대입하면

$$y = -R\frac{x}{I_c} = -\frac{R}{I_{cx}}$$

이는 그림 1.15의 (b)와 같은 직선이 된다.

$$F = \frac{2\pi}{R} \times S = \frac{2\pi}{R} \times \frac{RI_c}{2} = \pi I_c \tag{1.26}$$

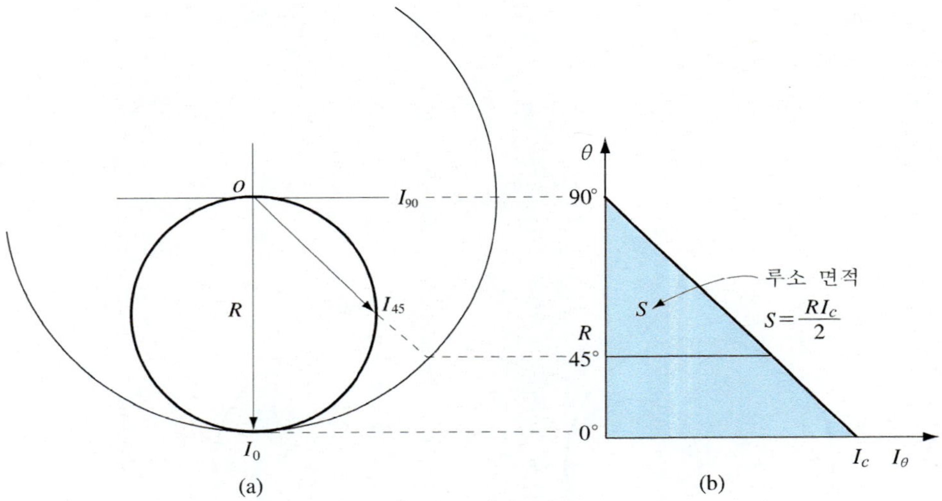

[그림 1.15] 평원판 광원의 배광곡선과 루소 선도

예제 10

루소 선도가 다음 그림과 같이 표시되는 광원의 상반구 및 하반구 광속(lm)을 구하면? (단, 이 그림에서 곡선 BC는 4분원이다.)

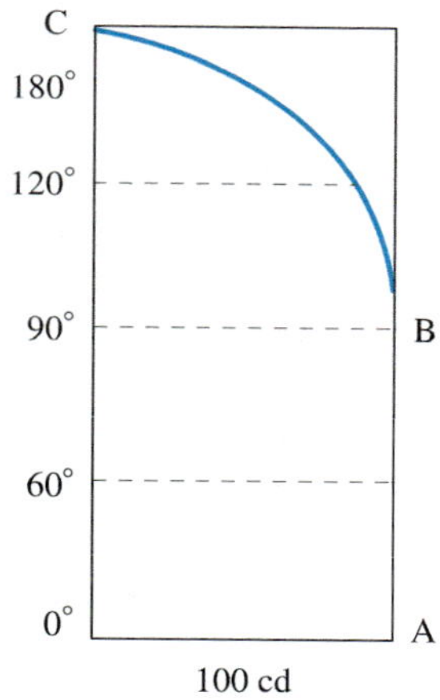

풀이 루소 선도에서 전광속 F와 루소 선도의 면적 S 사이에는

$$F = \frac{2\pi}{r}S, \quad r = 100$$

상반구 광속이므로 $S = \frac{\pi}{4} \times 100^2$

$$\therefore \quad F = \frac{2\pi}{100} \times \left(\frac{\pi}{4} \times 100^2\right) = 493 \text{ lm}$$

하반구 광속은 $S = 100^2$이므로

$$F = \frac{2\pi}{100} \times 100^2 = 200\pi = 628 \text{ lm}$$

2.10 광도 측정

(1) 직접법

양측면의 반사율이 같은 반사판(screen)의 양면을 표준 전구 A와 피 측정 전구 B로 비추어 휘도가 같아지면 양면의 조도는 같아진다. 그림 1.16에서 표시한 바와 같이 표준 전구 광도를 I_a, 표준 전구와 반사판과의 거리를 l_a, 피 측정 전구의 광도를 I_b, 피 측정 전구까지의 거리를

l_b 라 하면, 거리 역 제곱의 법칙으로부터

$$\frac{I_a}{l_{a^2}} = \frac{I_b}{l_{b^2}}$$

$$\therefore\ I_b = I_a \frac{l_{b^2}}{l_{a^2}} \tag{1.27}$$

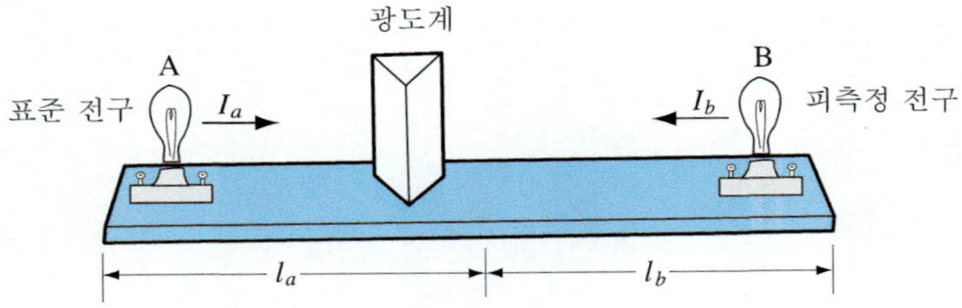

[그림 1.16] 장형 광도계

(2) 치환법

백열전구의 광도를 측정하는 실제적인 방법으로는 치환법을 사용하며, 표준 전구를 피 측정 전구의 위치에 놓고 비교 전구와 비교하여 측광하는 방법이다. 즉, 광도계의 양측면의 조도가 동일하게 되었을 경우의 표준 전구 A와 비교 전구 C로부터 광도계 두부까지의 거리를 각각 l_a, l_c, 광도를 I_a, I_c 라 하면,

$$I_c = \left(\frac{l_c}{l_a}\right)^2 I_a \tag{1.28}$$

다음에 비교 전구 C를 그대로 두고 피 측정 전구 B를 표준 전구 A의 위치에 바꾸어 놓는다. 이때 피 측정 전구 B와 비교 전구 C로부터 광도계 두부까지의 거리를 각각 l, l_c, 광도를 I, I_c라 하면,

$$I = \left(\frac{l}{l_c}\right)^2 I_c \tag{1.29}$$

이상의 두 식으로부터 I_c를 소거하면 다음과 같다.

$$I = \left(\frac{l}{l_c}\right)^2 \left(\frac{l_c}{l_a}\right)^2 I_a = \frac{l^2}{l_{aI_a}^2} \text{ [cd]} \tag{1.30}$$

치환법은 측정하려는 전구와 표준 전구를 직접 비교하는 직접법에 비하여 측정기의 오차가 측정에 영향을 미치지 않고, 표준 전구의 점등시간이 적어 특성변동이 적은 이점이 있다.

예제 11

장형 광도계로 다음 그림과 같은 광도로 P면을 수직으로 비추었더니 평형을 이루었다. D_1은 60 cm이다. D_2를 구하여라.

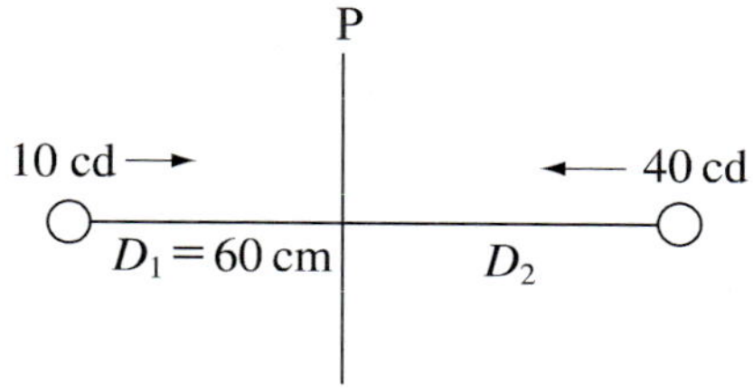

풀이 문제에서 평형을 이루므로 P 양면의 밝기는 같다. 따라서 D_2는 다음과 같다.

$$\frac{10}{60^2} = \frac{40}{D_2^2} \qquad D_2^2 = \frac{60^2 \times 40}{10}$$

$$\therefore \ D_2 = 60 \times \sqrt{\frac{40}{10}} = 120 \text{ cm}$$

연습 문제

1. 전등효율이 15 lm/W 인 백열전구 100 W 의 구면광도는 몇 cd 인가?

2. 휘도가 균일한 긴 원통 광원의 축 중앙 수직 방향 광도가 100 cd일 때 전광속 (lm)은?

3. 다음 그림과 같이 간판을 비치는 광원이 있다. 간판면 위 P점 조도를 200 lx 로 하기 위해서 광원의 광도를 얼마로 하면 되겠는가? (단, P점은 광원 L을 포함하고, 간판에 직각인 평면 위에 있으며, 또한 간판의 기울기는 직선 LP 와 60° 이고, LP 의 거리는 1 m이다.)

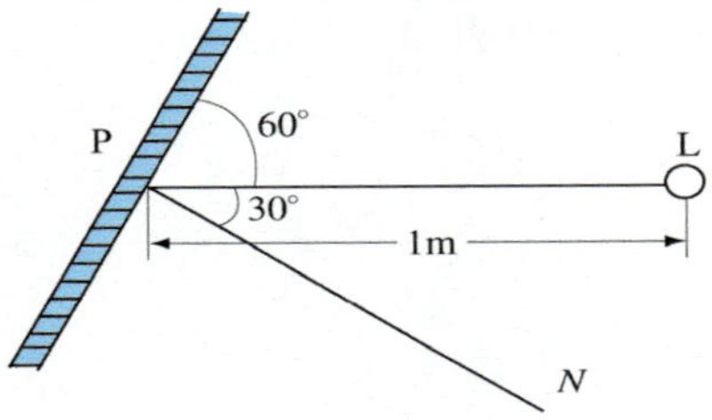

4. 다음 그림과 같은 광원 S에 의하여 단면의 중심이 O인 원통형 연돌을 비추었을 때, 원통의 표면상의 한 점 P 에서의 조도를 구하여라. (단, SP 거리는 10 m, $OSP = 10°$, $SOP = 20°$, 광원의 SP 방향의 광도는 500 cd)

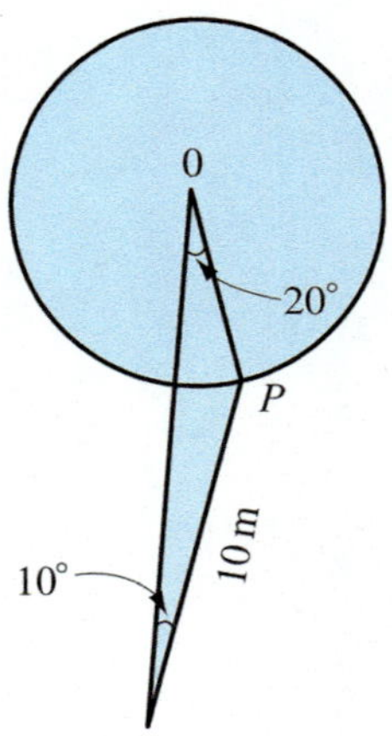

5. 수평면상의 2 m의 높이에서 3 m 떨어진 두 광원 A, B가 있다. 그 광도는 어느 것이나 모든 방향에서 같고, 각각 100 cd 및 200 cd이다. 다음 각 점에서 수평면 조도를 구하여라.

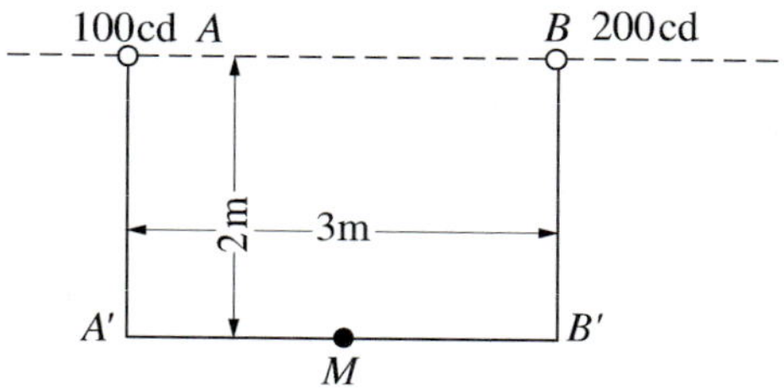

(1) 광원 A의 바로 아래의 점 A'

(2) 광원 B의 바로 아래의 점 B'

(3) A', B'의 중앙 점 M

6. 다음 그림과 같은 투광기 조명에서 광주 내 광도는 균일하게 50,000 cd이다. 이 피조면의 평균 조도를 구하여라.

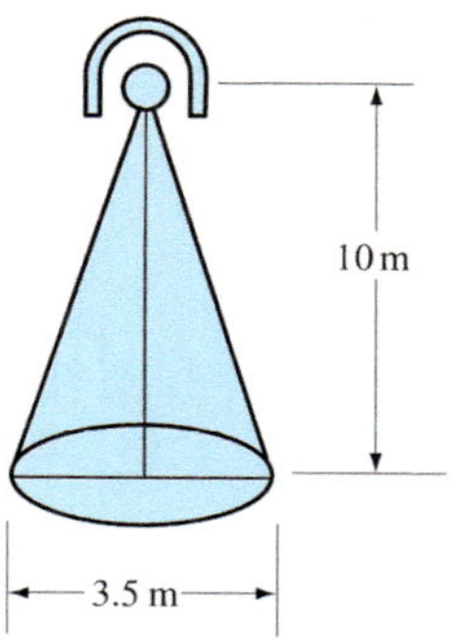

7. 100 cd의 점광원 바로 밑 2 m 되는 곳에 있는 반사율 80%인 백색면의 광속 발산도(rlx)는?

8. 200 W의 백열전구를 반지름 15 cm, 투과율 80 %의 글로브 속에서 점등했을 때의 휘도를 구하여라. (단, 글로브의 반사는 무시하고, 그 광속은 2,400 lm이다.)

9. 반사율 50%의 완전 확산성의 종이를 100 lx 의 조도로 조사하는 경우에 발산 종이의 광속 발산도 및 휘도를 구하여라.

10. 광속 5,500 lm의 광원에서 4 m^2의 투명유리를 일정 방향으로 조사하는 경우, 그 유리 뒷면의 광속 발산도 R[rlx] 및 휘도 B[nt]는 얼마인가? (단, 투명유리의 투과율은 80%이다.)

11. 16 mm 영사기에 220 V, 1,000 W, 1,300 lm의 전구를 사용했을 때 영사면의 조도 분포 (단위 [lx])가 다음 그림과 같다.

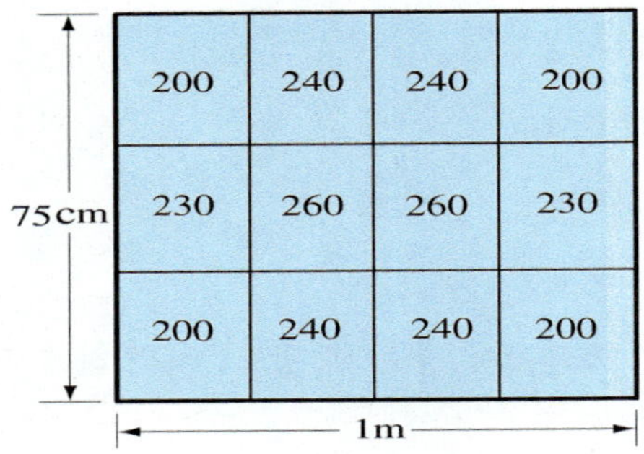

(1) 전구의 효율은 얼마인가?

(2) 전구의 광속 몇 %가 영사면에 이용되고 있는가?

12. 40 W 백열전구의 전등효율이 11 lm/W일 때, 광원으로부터 나오는 광속(lm)은?

13. 루소 선도가 다음 그림과 같은 광원의 상반구 및 하반구 광속은?

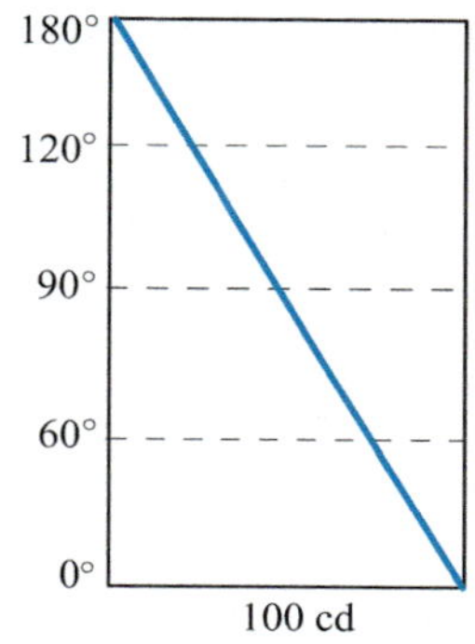

14. 길이 2 m인 장형 광도계로 20 cd의 표준 등에서 90 cm인 곳에서 광도계 두부가 측광평형이 되었다면 피 측정 전구의 광도(cd)는 얼마인가?

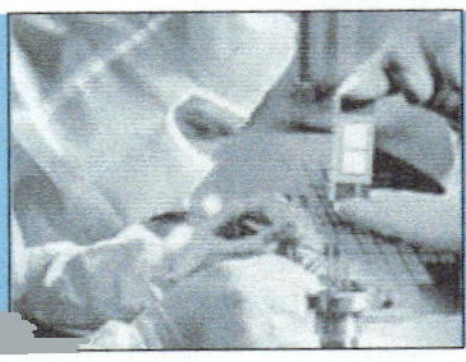

제 3 장 조명 설계

3.1 조명방식의 종류

(1) 기구의 배광에 의한 분류

① 직접 조명

직사조도가 확산조도보다 높을 경우, 즉 90 ~ 100%의 광속을 아래로 조사시키는 방식이다.

(가) 조명률이 크므로 소비전력이 간접 조명의 1/2 ~ 1/3 정도이다.

(나) 설비비가 일반적으로 적게 든다.

(다) 천장이나 벽으로부터의 반사의 영향이 적으므로 설계가 간단하다.

(라) 그늘이 생기므로 물체 입체적 형체를 식별하는 데 편리하다.

(마) 조명기구를 청소하기 용이하다.

② 반직접 조명

기구로부터의 발산광속량은 60 ~ 90% 빛이 아래 방향으로 향하여 작업 면에 직사한다. 그리고 위 방향으로 10 ~ 40%의 빛이 천장이나 윗벽 부분에서 반사되고, 이 반사광이 작업면의 조도를 증가시킨다. 일반적으로 이러한 종류의 기구는 밑바닥이 개방되어 있으며, 갓이 유리나 플라스틱으로 되어 있다. 주로 일반 사무실이나 주택의 조명용으로 사용된다.

③ 전반확산 조명

수평 작업면 위의 조도는 기구로부터 직접 쬐고 몇 부분의 위 방향으로 향한 빛이 천장이나 윗벽 부분에서 반사광을 이룬다. 이러한 종류의 조명기구는 대부분은 유백색 유리나 플라스틱 및 아크릴의 외구형이다.

고급 사무실, 상점, 주택, 공장 등의 전반 조명으로 사용되고 있다.

이와 같이 유백색 외구형은 발광 면을 크게 하여 광원의 휘도를 감소시켜 눈부심을 느끼지 않도록 하기 위한 것이다. 외구 내의 온도 상승을 어느 한도로 억제하기 위하여 외구의 크기를 조절한다.

[표 1.2] 기구배광에 의한 조명 분류

	기구의 형태	응용방법(예)	배광(%)
직접 조명		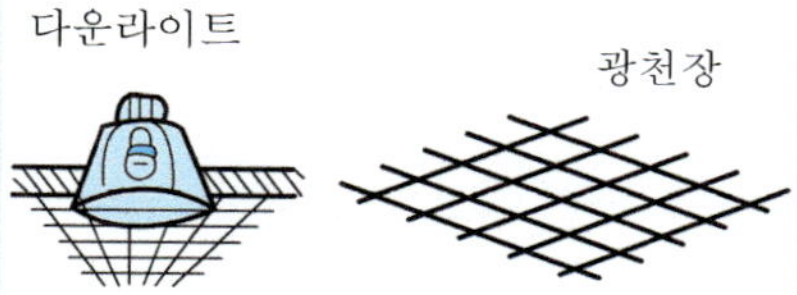	↑10~0 ↓90~100
반직접 조명	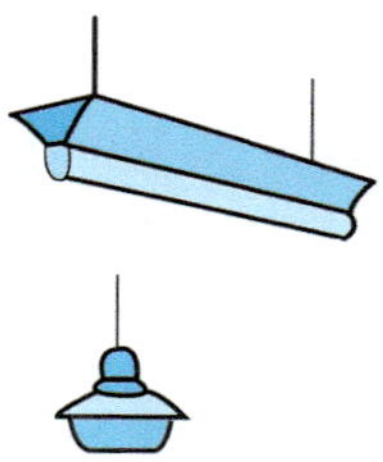	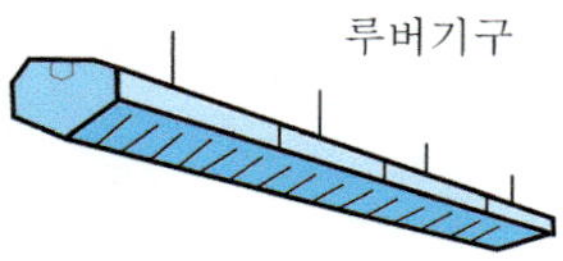	↑40~10 ↓60~90
전반 확산 조명	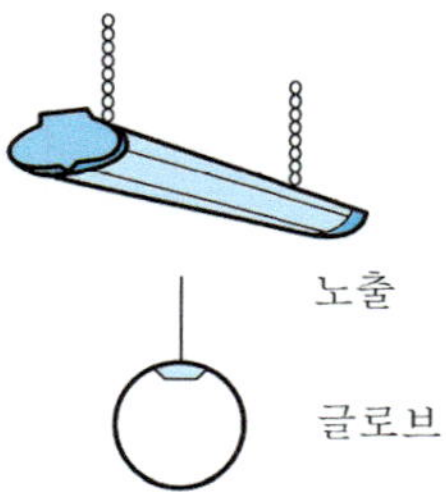	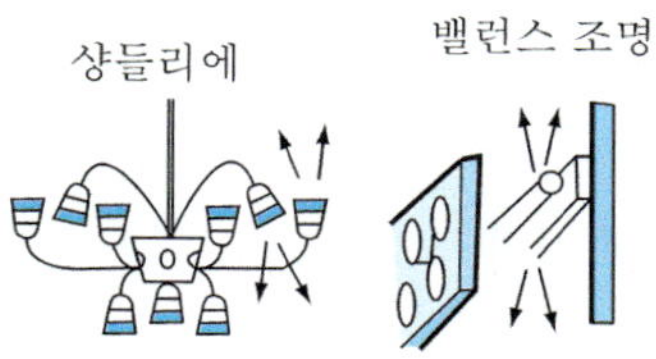	↑60~40 ↓40~60
반간접 조명	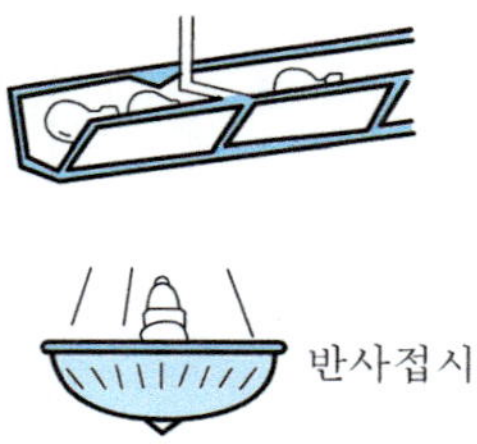	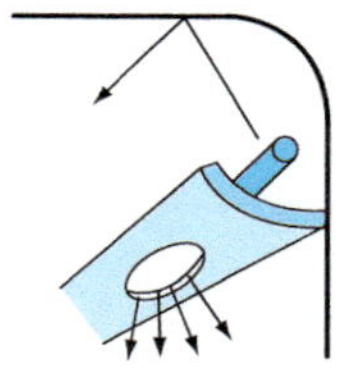	↑90~60 ↓10~40
간접 조명	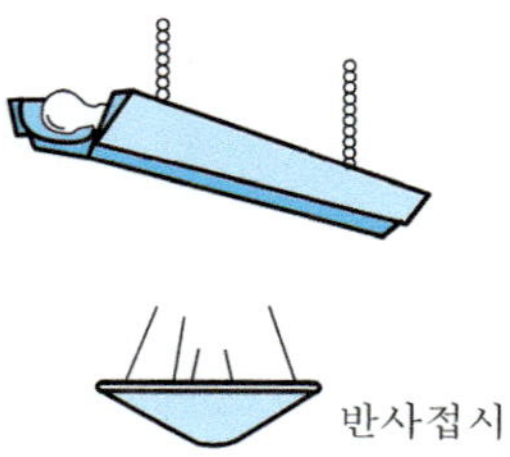	코브 조명 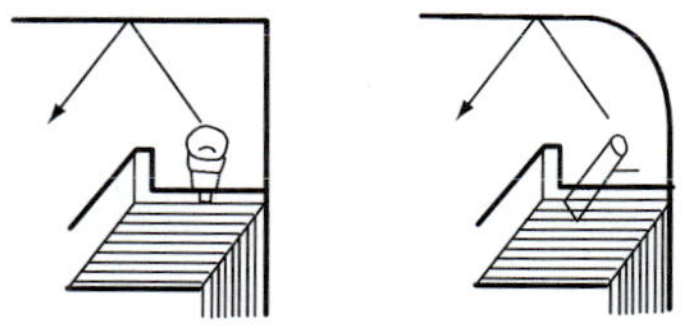	↑100~90 ↓0~10

④ 반간접 조명

발산광속의 60～90%가 위 방향으로 향하여 천장, 윗벽 부분으로 발산되고, 나머지 부분이 아래 방향으로 향한다. 즉, 천장을 주 광원으로 이용하므로 천장의 색과 유지율에 대하여 고려하여야 한다. 이는 간접방식보다 약간 많은 광속과 질이 좋은 빛을 발산한다.

⑤ 간접 조명

직사조도가 거의 없고 등기에서 나오는 광속의 90～100%를 천장이나 벽에 투사시켜 여기에서 반사 확산된 광속을 이용하는 조명방식이다.

(가) 눈부심이 적고 방 바닥면의 조도가 균일하다.

(나) 빛이 물체에 가려져도 심한 그늘이 생기지 않는다.

(다) 비교적 대용량의 전구를 소수 사용하여 조명효과를 낼 수 있다.

(2) 기구의 배치에 의한 분류

① 전반 조명

조명기구를 일정한 높이 일정한 간격으로 배치하여 방 전체를 균일하게 조명하는 방식을 전반 조명이라 한다.

(가) 작업의 위치가 변동하여도 등기의 배치를 변경시킬 필요가 없다.

(나) 조명의 불균일이 적다.

(다) 그늘이 부드럽다.

② 국부 조명

작업상 필요한 장소만 국부적으로 조명하는 방식이다.

(가) 희망하는 곳에 희망하는 방향으로 충분한 조도를 줄 수 있다.

(나) 불필요한 장소는 소등하여 둘 수 있다. 따라서 소요의 조도를 가장 경제적으로 얻을 수 있다.

③ 전반국부 병용 조명

위에서 설명한 두 가지 특색을 합쳐서 특히 높은 조도를 요하는 장소에 국부 조명을 한 전반 조명이다.

(가) 경제적으로 높은 조도를 얻을 수 있다.

(나) 명암의 비교가 커서 시력을 해할 염려가 없다.

3.2 옥내 조명설계

실내의 전반 조명설계는 다음 순서에 따라 시행하는 것이 보통이다.

(1) 조도의 결정

방의 크기, 용도 및 경제적인 사정을 감안하여 적당한 조도를 임의로 결정할 수 있지만 일반적으로 독서에는 500 lx 이상, 정밀한 작업은 1,000 ~ 2,000 lx 이상이 적당하다.

(2) 조명기구의 선정

방의 크기, 용도 등에 따라 적당한 조도가 결정되면 조명기구를 선택해야 하는데, 조명기구를 선택할 때는 다음 사항을 고려해야 한다.

① 직사 눈부심이 없을 것 : 시야 내에 있는 휘도의 허용한계는 가장 높은 부분에서 일시적인 경우는 0.5 cd/cm^2, 장시간 계속적인 경우는 0.2 cd/cm^2 이하가 되어야 한다.
② 반사 눈부심이 적을 것 : 발광면을 크게 하여 빛을 확산시켜서 광원의 눈부심을 적게 하거나 기구를 적당한 위치에 배치한다.
③ 필요한 조명률을 공급할 것
④ 수직면이나 경사면의 조도가 적당할 것
⑤ 진한 그림자가 없을 것
⑥ 보수가 용이할 것
⑦ 유지가 용이할 것

(3) 조명기구의 배치의 결정

용량이 큰 전등의 간격을 넓게 하여 설치하면 등수가 적어져서 배선비, 기구비가 감소되어 경제적이지만 조도가 불균일하게 된다. 따라서 조도의 불균일을 적게 하려면 조명기구 상호간의 거리를 다음과 같이 취하여야 한다.

직접 조명의 경우에는 다음 그림 1.17 (a)와 같이 작업면상에서 광원까지의 높이 H를 작업면에서 천장까지의 높이의 2/3 정도로 하고, 광원의 간격 S를 다음과 같이 잡으면 된다.

$$S \leq 1.5H \tag{1.31}$$

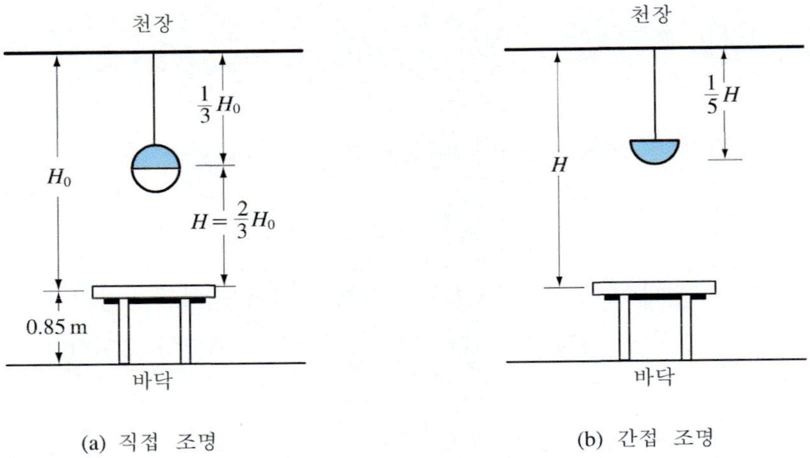

[그림 1.17] 직 · 간접 조명에서 전등의 높이

또한, 벽과 광원 사이의 간격 S는 다음과 같이 한다.

$$S_0 \leqq \frac{H}{2} \quad \text{(벽 측을 사용하지 않을 경우)}$$
$$S_0 \leqq \frac{H}{3} \quad \text{(벽 측을 사용할 경우)} \tag{1.32}$$

반간접 또는 간접 조명의 경우에는 그림 1.17 (b)와 같이 작업 면에서 천장까지의 높이를 H로 하고, 광원 간격 S를 1.5 이하로 취하고, 천장과 광원과의 거리 $H1$을 광원 간격 S의 1/5 정도로 하면 천장의 휘도는 대략 균일하게 된다. 이렇게 배치하면 조도의 최소값과 최대값과의 비(조도의 균일도)는 약 30% 정도가 된다.

(4) 조명률의 결정

조명률(Coefficient of Utilization)이란 사용 광원의 전광속과 작업 면에 입사하는 광속과의 비를 말한다. 즉,

$$\text{조명률} = \frac{\text{작업면의 광속}}{\text{광원의 전 광속}} \tag{1.33}$$

이 값은 방의 실 지수, 조명기구의 종류, 반사율 등에 의하여 결정된다.

(5) 실 지수의 결정

방의 크기와 모양은 빛의 이용에 많은 영향을 미치고 있다. 넓고 천장이 낮은 방이 좁고 천장이 높은 방에 비하여 빛의 이용률이 좋은 이유는 방바닥의 면적에 비례하여 빛을 흡수하는 벽의 면적이 적어지기 때문이다. 그러므로 실 지수(Room Index)는 빛의 이용에 대한 방의 크기의 척도로 사용된다.

$$\text{실 지수} = \frac{XY}{H(X+Y)} \tag{1.34}$$

여기서, X : 방의 폭
Y : 방의 길이
H : 작업면상에서 광원까지의 높이

실 지수를 구하는 데 도표를 사용할 수도 있다. 즉, X/H, Y/H를 계산하고 그림 1.18의 실 지수 도표에 의하여 실 지수를 구할 수 있다.

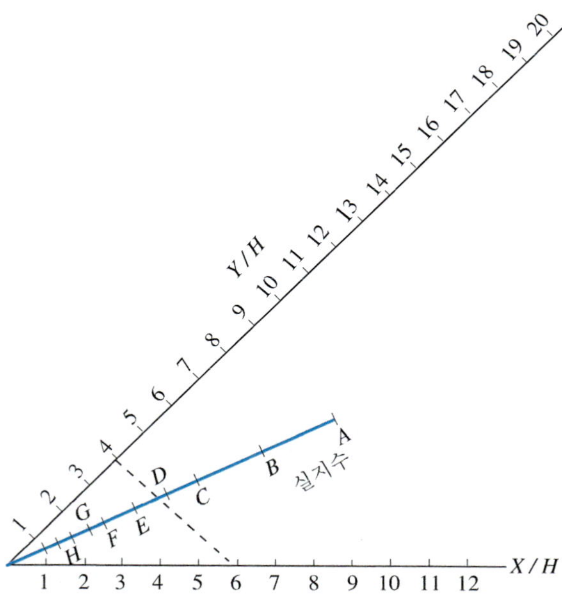

[그림 1.18] 실 지수 도표

예를 들면, $X/H = 8.6$이고, $Y/H = 5.7$이면 실 지수는 C로 된다. 또한, 실 지수를 숫자 대신 로마자를 사용하는 경우가 많다. 표 1.3은 이 관계를 나타낸 것이다.

[표 1.3] 실 지수와 분류기호표

실 지수	5.0	4.0	3.0	2.5	2.0	1.5	1.25	1.0	0.8	0.6
기 호	A	B	C	D	E	F	G	H	I	J

(6) 감광보상률의 결정

조명시설을 사용함에 따라 작업면의 조도는 점차적으로 감소되어 가는데, 그 원인을 들면 다음과 같다.

① 점등 중 전등의 노화로 인한 광속의 감퇴
② 등기에 붙은 먼지, 오물, 그리고 등기의 반사면의 화학적 변질로 인한 광속 흡수 증가
③ 실내 반사면(천장, 벽, 바닥)에 붙은 먼지, 오물, 그리고 반사면의 화학적 변질로 인한 광속 흡수 증가
④ 공급전압과 전구의 정격전압의 다른 데서 오는 광속 감퇴

그러므로 조명설계를 할 때는 점등 중의 광속 감퇴를 미리 예상하여 소요광속에 여유를 두는데 그 정도를 **감광보상률**(Depreciation Factor)이라 한다. 감광보상률(D)의 역수를 유지율(M)이라 한다. 감광보상률은 직접 조명인 경우 일반 장소에서 1.3이고, 먼지 · 오물 등이 많은 장소에서는 1.5 ~ 2.0 정도이다. 간접 조명인 경우 1.5 ~ 2.0이다.

(7) 광속의 결정

광속 보존의 법칙에 의하여 전등의 초기 광속은 다음 식으로 표시된다.

$$F = \frac{E \cdot A \cdot D}{U \cdot N} \tag{1.35}$$

여기서, F : 광원의 광속 (lm)　　A : 방의 면적(m^2)
E : 작업면상의 평균 조도 (lx)　　D : 감광보상률
N : 광원의 수　　U : 조명률
M : 유지율

(8) 광원의 수 및 크기 결정

소요광속이 결정되면 건축의 구조 및 용도, 조도분포, 휘도, 경제성 등을 고려하여 광원의 수 및 크기를 결정한다.

예제 12

평균 구면광도 100 cd인 전구 5개를 지름 10 m인 원형의 방에 점등할 때, 조명률을 0.5, 감광보상률 1.5라고 하면 방의 평균 조도(lx)는?

풀이 $F = 4\pi I = 4\pi \times 100\,\text{lm},\ A = \pi r^2 = \pi \times 5^2\text{m}^2$ 이므로

$$FUN = EAD$$

$$\therefore\ E = \frac{FUN}{AD}$$

$$= \frac{(4\pi \times 100) \times 0.5 \times 5}{\pi \times 5^2 \times 1.5} = 27\,\text{lx}$$

3.3 도로 조명

(1) 조도

도로 조명은 도로의 중요성에 따라 차이가 있으며, 자동차도로의 도로 조명 기준 조도를 표 1.4에 나타내었다. 단, 극히 중요한 도로에는 다음 표와 상관없이 기준 조도를 30 lx 까지 증대할 수 있다.

[표 1.4] 자동차도로의 기준 조도표

도로의 중요성	조도 (lx)
평균 교통량 15,000대/일 이상	15
평균 교통량 7,000~15,000대/일 이상	10
평균 교통량 7,000대/일 이하	7

(2) 광원

도로, 터널, 광장 등의 조명에 사용하는 광원은 광원의 효율, 광속, 수명, 광색, 배광제어의

난이도, 유지보수 및 관리의 용이성, 사용 환경의 조건 등에 대하여 검토하여 선택해야 한다. 도로 조명용으로 일반적으로 사용되는 광원은 표 1.5와 같다.

(3) 도로 조명등의 배치

직선 도로에서 조명등의 배치는 그림 1.19와 같이 한쪽 배열, 지그재그 배열, 대칭 배열, 중앙 배열 등의 4종류가 있고, 도로 폭, 등간격 등을 고려하여 적당한 것을 선정한다.

[표 1.5] 도로 조명광원

사용장소	광 원
도로 조명	고압 나트륨등, 메탈 할라이드등, 저압 나트륨등
터널 조명	저압 나트륨등, 고압 나트륨등, 메탈 할라이드등, 형광등
광장 조명	메탈 할라이드등, 고압 나트륨등, 제논등, 형광 수은등

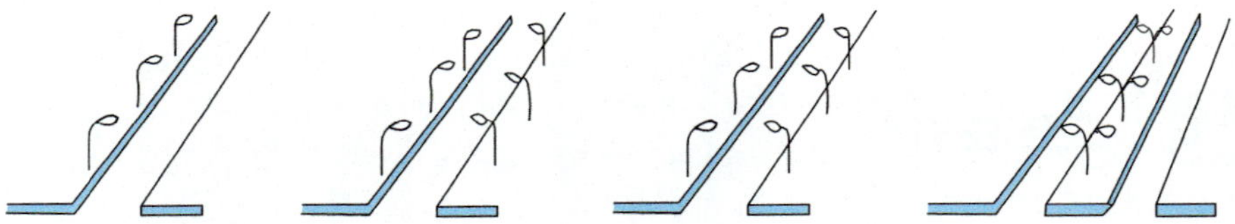

(a) 한쪽 배열 (b) 지그재그 배열 (c) 대칭 배열 (d) 중앙 배열

[그림 1.19] 조명등의 배치

(4) 도로 조명의 계산

도로 조명에서 광원 1대의 소요광속은 다음과 같이 구할 수 있다.

$$F = \frac{E \cdot B \cdot S \cdot D}{U \cdot N} [\text{lm}] \tag{1.36}$$

여기서, F : 광원 1개당 광속(lm)

E : 도로의 평균 조도(lx)

B : 도로 폭(m) S : 등 간격(m)

D : 감광보상률 U : 조명률

N : 광원 열수(대칭 및 지그재그식은 2, 편도 및 중앙식은 1)

예제 13

폭 16 m인 도로 중앙에 8 m의 높이에 간격 24 m마다 200 W 전구를 가설할 때 조명률 0.25, 감광보상률 1.3 이라 하면, 도로면의 평균 조도(lx)는 약 얼마인가? (단, 200 W 전구의 전광속은 3450 lm 이다.)

풀이 $FUN = EBSD$ 에서 중앙배열이므로 $N = 1$

$$\therefore\ E = \frac{FUN}{BSD} = \frac{3450 \times 0.25 \times 1}{16 \times 24 \times 1.3}$$

$$\fallingdotseq 1.7\,\mathrm{lx}$$

예제 14

폭이 20 m 인 고속 자동차도로의 양쪽에 대칭으로 250 W 고압 수은등을 배치하여 도로의 평균 조도를 5 lx 로 하려면 각 등의 간격을 약 몇 m 로 하면 되는가? (단, 조명률 0.3, 감광보상률 1.2, 수은등 광속 5,000 lm 이다.)

풀이 $FUN = EBSD$ 에서 대칭배열이므로 $N = 2$

$$\therefore\ S = \frac{2FU}{EBD} = \frac{2 \times 5000 \times 0.3}{5 \times 20 \times 1.2}$$

$$= 25\ \mathrm{m}$$

연습 문제

1. 면적이 200 m^2인 강의실에 2,000 lm의 광속을 발산하는 40 W 형광등 30개를 점등하였다. 조명률은 0.5이고, 감광보상률은 1.5라 하면 이 강의실의 평균 조도는 얼마인가?

2. 평균 구면광도 200 cd인 전구 5개를 지름 10 m인 원형의 방에 설치하였다. 조명률을 0.5라 하면 방의 평균 조도는 얼마인가?

3. 지름 40 cm의 완전 확산성의 반구 천장 등의 평균 휘도를 측정하였더니 0.2 sb 가 되었다. 이 천장 등을 10×20 m^2의 방에 20등 점등하였을 때 조명률은 60 %라 하면 방의 평균 조도는 얼마인가?

4. 가로 10 m, 세로 20 m, 높이 5 m로서 조명률이 0.5인 방의 탁상 위의 평균 수평면 조도를 100 lx 로 하기 위해서는 형광등 40 W 2등용을 몇 대 쓰면 되는가? (단, 형광등 40 W의 전광속은 2,000 lm, 감광보상률은 1.8 이라 한다.)

5. 폭이 25 m 인 고속 자동차의 도로의 양쪽에 지그재그식으로 300 W 고압 수은등을 배치하여 도로의 평균 조도를 5 lx 로 하려면 각 등의 간격을 약 몇 m 로 하면 되는가? (단, 조명률은 0.2 이고, 감광보상률은 1.4, 수은등의 광속은 5,500 lm 이다.)

제 4 장 발광의 종류

4.1 온도 복사(Temperature Radiation)

(1) 온도 복사

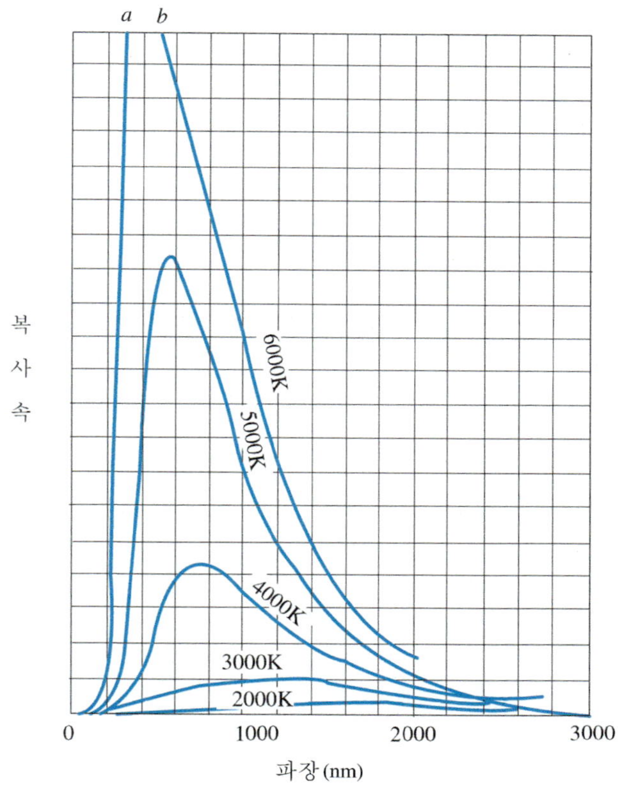

[그림 1.20] 흑체 복사

물체의 온도를 높여 가면 처음에는 적외선을 방사하고, 온도를 더 높여서 500℃ 이상으로 하면 물체는 빛을 발산하기 시작한다. 더욱 더 온도를 높이면 발광색은 적색이 감소하고, 백색이 증가하여 그 표면에서 여러 가지 파장의 전자파가 복사된다. 이것을 **온도 복사**라고 하며, 백열전구가 이에 속한다.

입사하는 복사를 전부 흡수하고, 반사도 투과도 하지 않는 것, 즉 흡수율이 100 %의 물체를 가상하여 **흑체**(Black Body)라고 한다. 흑체는 이상적인 온도 복사이며, 흑체에서 복사하는 에너지 특성은 그림 1.20과 같다. 이 곡선을 보면 복사에너지의 크기는 파장에 따라 다르며 흑체의 온도가 높을수록 증가한다. 그리고 복사에너지가 최대로 되는 파장은 온도가 높을수록 작은 영역으로 이동한다.

(2) 온도 복사의 관련 법칙

① 스테판-볼츠만의 법칙 (Stefan-Boltzmann's Law)

흑체의 복사에너지 W는 절대온도 $T[°k]$의 4제곱에 비례한다.

$$W = \alpha T^4 \tag{1.37}$$

여기서, α : 스테판-볼츠만의 정수로 $\alpha = 5.6696 \times 10^8 [W/m^2 \cdot K^4]$

② 빈의 변위 법칙 (Wien's Displacement Law)

흑체에서 복사되는 최대 복사에너지의 파장 λ_m은 절대 온도 $T[°k]$에 반비례한다.

$$\lambda_m = \frac{b}{T}[\mu] \tag{1.38}$$

여기서, b : 정수로서 2896 $\mu \cdot k$

③ 플랑크의 법칙 (Plank's Law)

절대 온도 $T[°k]$, 임의의 파장 $\lambda[\mu]$의 스펙트럼 복사속의 발산도 $P\lambda$는 다음과 같다.

$$P_\lambda = \frac{c_1}{\lambda^5}\frac{1}{e^{C_2/\lambda T}-1}[W/m^2 \cdot \mu] \tag{1.39}$$

여기서, c_1 및 c_2는 플랑크 정수로

$$c_1 = 2\pi h c_2 = 3.7415 \times 10^{-16} [W \cdot m^2]$$

$$c_2 = 1.4388 \times 10^{-12} [\mu \cdot K]$$

예제 14

온도가 3000° K 되는 흑체의 전방사 에너지는 1000° K일 때 값의 몇 배가 되는가?

풀이 $W = \sigma T4 [\mathrm{W/m^2}]$이므로 온도가 3배인 경우 전방사 에너지는 $3^4 = 81$배가 된다.

예제 15

시감도가 최대인 파장 5,550Å에서의 온도는 얼마인가?

풀이 빈(Wien)의 변위 법칙에 의하여 다음과 같이 계산된다.

$$T = \frac{b}{\lambda_m} \text{이므로,}$$

$$T = \frac{2896}{0.555} \fallingdotseq 5218\,°\mathrm{K}$$

예제 16

6,000° K에 있어서의 최대 복사에너지의 파장이 0.4μm이라 하면, 4,000° K에 있어서의 최대 복사에너지의 파장은 얼마인가?

풀이 4000°K에 있어서의 최대 복사에너지의 파장을 λ라 하면, 빈(Wien)의 변위 법칙에 의하여 다음과 같이 계산된다.

$$\frac{\lambda}{0.4} = \frac{6000}{4000} = 1.5$$

$$\therefore \quad \lambda = 1.5 \times 0.4 = 0.6\,\mu\mathrm{m}$$

4.2 루미네슨스(Luminescence)

온도 복사에 이외의 모든 발광을 **루미네슨스**라 한다. 일반적으로 물질이 빛, X선, 복사선 및 화학적 자극을 받아 그 에너지를 흡수해서 빛을 방출하는 현상을 말하고 **냉광**(Cold Light)이라고도 한다.

루미네슨스는 발광의 지속성에 따라서 형광과 인광으로 분류된다. 즉, 자극을 가하고 있는 사이만 발광을 지속하며 자극이 없어진 후에는 발광을 곧 정지하는 것을 **형광**(Fluorescence)이라 하고, 자극이 없어진 후에도 수 분간 내지 수 시간 이상에 걸쳐서 발광을 지속하는 것을 **인광**(Phosphorescence)이라 한다.

루미네슨스는 이것을 발생시키는 자극의 방법에 따라 다음과 같은 종류가 있다.

(1) 전기 루미네슨스 (Electric Luminescence)

기체 또는 금속 증기 내의 방전에 따르는 발광현상이며, 이것은 대전입자 상호간 또는 원자, 분자 등의 충돌에 기인되는 것이다. 네온관등, 수은등 등의 방전등은 전기 루미네슨스를 이용한 것이다.

(2) 복사 루미네슨스 (Radiant Luminescence)

광선, 자외선, X선 등의 복사를 받고, 분자 또는 원자가 그 중 어떤 파장의 복사를 흡수하여 이것의 일부 또는 전부를 장파장의 빛으로 발산하는 것이다. 야광 도료는 복사 루미네슨스의 인광을 발생하는 것이고, 형광등의 발광은 이것의 형광을 이용한 것이다.

(3) 음극선 루미네슨스 (Cathode Ray Luminescence)

음극선이 형광체와 같은 물체에 조사되었을 때에 나오는 발광으로서, 텔레비전용의 브라운관 등에 이용된다.

(4) 열 루미네슨스 (Thermal Luminescence)

물체를 가열할 때, 같은 온도의 흑체복사에 비하여 많은 복사속을 발산하는 현상을 말한다. 금강석, 대리석, 형석 등을 약간 가열하면 일어나는 발광이 그 예이다.

(5) 생물 루미네슨스 (Bio Luminescence)

야광충, 발광 박테리아 등의 생물에서의 발광을 말하며, 열을 수반하지 않는 것이 특징이다. 생물 루미네슨스는 루시페린(luciferin)이라는 발광물질이 같은 세포 내에 있는 루시페라아제(luciferase)라고 하는 발광효소의 작용으로 수분의 존재와 더불어 산화될 때에 발광하는 것이다.

(6) 파이로 루미네슨스 (Pyro Luminescence)

알칼리 금속, 알칼리 토금속 등 증발하기 쉬운 원소 또는 염류를 알코올램프의 불꽃 속에 넣을 때 발광하는 현상을 말하며, 이것은 화합물의 분석과 발염 아크등에 이용된다.

(7) 화학 루미네슨스 (Chemi Luminescence)

화학 반응, 주로 산화에 의한 발광을 말하며, 황인의 자연 발광은 이에 속한다.

(8) 마찰 루미네슨스 (Tribo Luminescence)

각설탕, 석영 등을 컴컴한 곳에서 분쇄하면 청백한 빛이 일어나듯이 물질을 기계적으로 파괴하거나 마찰할 때 순간적으로 발광하는 것을 말한다. 그러나 마찰 루미네슨스는 실용된 것이 없다.

(9) 결정 루미네슨스 (Crystallo Luminescence)

황산소다(Na2F2), 황산가리(NaSO4) 등이 용액에서 결정할 때 발광하는 현상이다.

연습 문제

1. 3,500° K에서 흑체의 최대 파장(μm)은?

2. 흑체의 온도가 4,000° K일 때, 단색 방사 발산도가 최대가 되는 파장은 730 nm이다. 최대의 단색 방사 발산도가 555 nm인 흑체의 온도(° K)는?

3. 온도 복사에 대해 설명하여라.

4. 온도 복사와 관련된 법칙 3가지에 대해 설명하여라.

5. 루미네슨스에 대해 설명하여라.

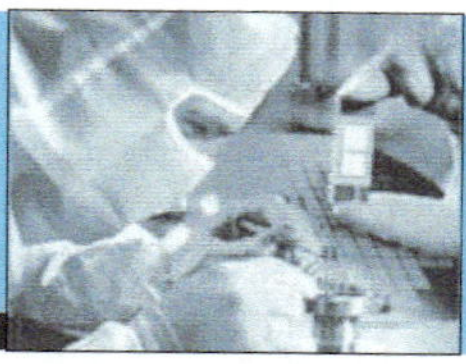

제 5 장 방전등

5.1 방전 특성

가늘고 긴 유리관을 진공으로 한 다음에 수 mmHg이 압력으로 어느 기체를 봉입하여 양단에 적당한 전극을 설치하고, 전극 간에 고전압을 가하면 방전을 일으켜서 전류가 흘러 발광한다. 이를 **글로 방전**(Glow Discharge)이라고 하며, 이때의 관내의 발광상태 및 각부의 명칭은 그림 1.21과 같다.

즉, 음극면상에 음극 글로, 다음에 크룩크스의 암부, 그 다음에 좁게 빛나는 것이 부글로(Negative Glow)이며, 그 다음에 패러데이 암부가 있다. 그곳에서 양극까지 한결같이 빛나는 것을 양광주(Positive Column)라 한다. 양극의 전면에서 약간 빛나는 것이 양극 글로이다.

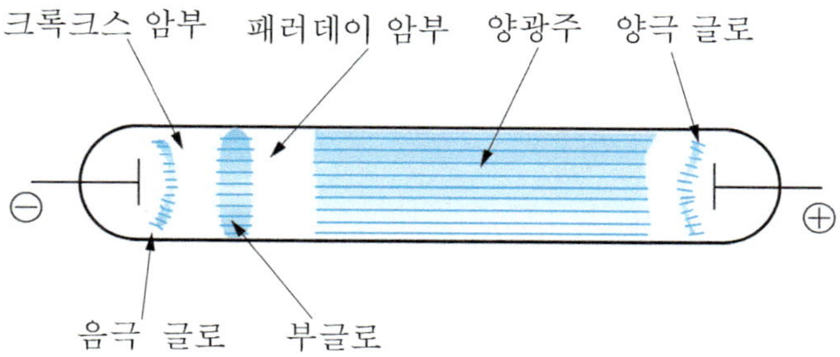

[그림 1.21] 글로 방전

전극간을 좁게 하면 음극 부근의 상태는 변함이 없으나 양광주가 짧게 되고, 더욱 전극간을 단축하면 양광주가 없어진다. 따라서 이러한 경우에는 음극에서 부글로만이 빛나게 된다. 네온관등, 수은등은 관을 길게 하여 양광주를 이용하고, 네온전구는 전극간을 단축하여 부글로를 이용한다.

이것을 교류로 점등하면 양광주와 부글로가 교호로 두 극에 생기므로 패러데이 암부는 보이지 않고 전부가 한결같은 양광주의 빛으로 되나, 두 극의 근처는 약간 흐리며, 빛의 명멸이 있다. 이것은 교류가 반 사이클마다 교호로 이전하는 암부 때문이다.

글로 방전의 상태에서 차례로 전류를 증가하면, +이온의 음극 면으로의 충격작용이 강하게 되므로, 음극 면에 국부적인 고온의 곳이 생겨 이곳에서 전자가 왕성하게 방출된다. 이로 인하여 음극 전압강하가 감소하고 전극간의 전압도 감소한다.

이렇게 되면 양광주는 강렬한 빛을 내는데 이 상태를 **아크 방전**(Arc Discharge)이라 한다.

5.2 탄소아크등 (Carbon Arc Lamp)

2개의 탄소막대 전극의 선단을 접촉하고, 그 사이에 전류를 흘리고 전극을 서서히 떼어 놓으면 두 전극 사이에 아크가 발생한다. 이것이 탄소아크등이다. 다른 광원보다 높은 휘도와 광도를 얻을 수 있으므로 주로 청사진이나 영사용에 주로 사용된다.

(1) 순탄소 아크등 (Pure Carbon Arc Lamp)

처음에 순흑연의 전극을 사용하여 직류로 점등한다. 점등 후에는 전극 소모를 자동적으로 보충하는 장치가 필요하다. 효율은 20 lm/W 이하 휘도는 9,000~15,000 cd/cm^2, 전극 소모율은 1 mm/min 정도이며, 주 용도는 실험용이다. 빛의 스펙트럼은 연속 스펙트럼이며 적외선이 많다.

(2) 발염 아크등 (Flaming Arc Lamp)

전극 속에 금속염류(Hg, Sm, Sr, Y 등)를 넣은 것으로 이들 종류에 따라 다양한 종류의 광색을 얻을 수 있다. 직류 또는 교류에서 사용되며, 효율은 최고 80 lm/W 정도에 달한다. 주 용도는 인쇄 제판용, 소형 영사용 등이 있다.

(3) 고휘도 아크등 (Beck Arc Lamp)

양극의 중심에 불화세륨(CeF_3), 산화세륨(CeO) 등을 넣은 것으로 벡 아크등(Beck Arc Lamp)이라고도 한다. 이것은 어느 전류 값에 도달하면 전방에 백색의 화염이 일어난다. 화구의 온도는 4,200°K 이하로 되나, 플러스극의 화염은 최고 5,800°K 정도로 된다. 광선은 평균적으로 연속 스펙트럼이 방사되고, 휘도는 최고 120,000 cd/cm^2 정도이며, 주 용도는 탐조등, 영사용등 등이다.

5.3 나트륨등(Sodium Lamp)

(1) 저압 나트륨등(Low Pressure Sodium Lamp)

나트륨 증기를 통하여 방전할 때 생기는 D선(5890~5896Å)을 광원으로 이용한 것이 나트륨등이다. D선의 에너지는 전 복사에너지의 약 76%에 도달한다. 광색은 거의 순수한 등황색이다. D선의 비시감도는 0.765이므로, 전기 에너지 중에서 76%가 전부 D선의 빛으로 변환하였다면 555 nm에서 1 W의 복사속은 680 lm이므로 효율은 $0.765 \times 0.76 \times 980 = 395$ lm/W로 된다. 그러나 실용상의 효율은 160 lm/W 정도이며, 실용적인 유일한 단색 광원이다.

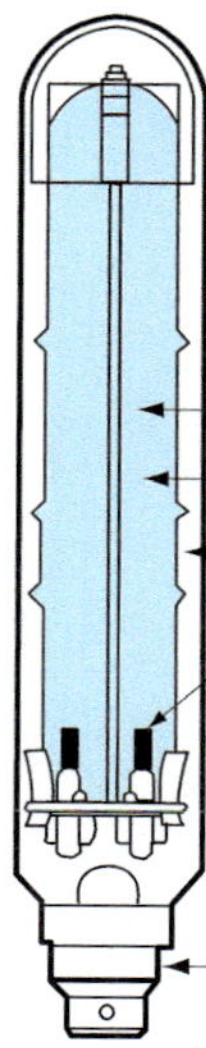

[그림 1.22] 저압 나트륨등

저압 나트륨등의 증기압은 4×10^{-3} mmHg이고, 구조는 그림 1.22에 표시한 바와 같이 발광관과 외관으로 되어 있으며, 그의 중간은 단열효과를 위해 고진공으로 하고, 외관 내면에 산화석에 의한 적외선 반사막을 만들어 효율을 향상시키고 있다.

기동 시에 기동을 쉽게 하기 위하여 봉입된 네온가스 때문에 적색 광이 되지만 그 후 나트륨의 증발과 더불어 등황색의 안정된 빛으로 된다.

발광관 온도가 약 270~280℃일 때의 나트륨 포화 증기압은 4×10^{-3} mmHg로 되며 효율은 최고로 된다. 램프 효율은 130~175 lm/W의 높은 효율을 갖는다. 용도는 유리의 굴절률 및 평면검사 등의 광학 실험용, 주사액의 불순물 검사용 등에 쓰인다.

(2) 고압 나트륨등 (High Pressure Sodium Lamp)

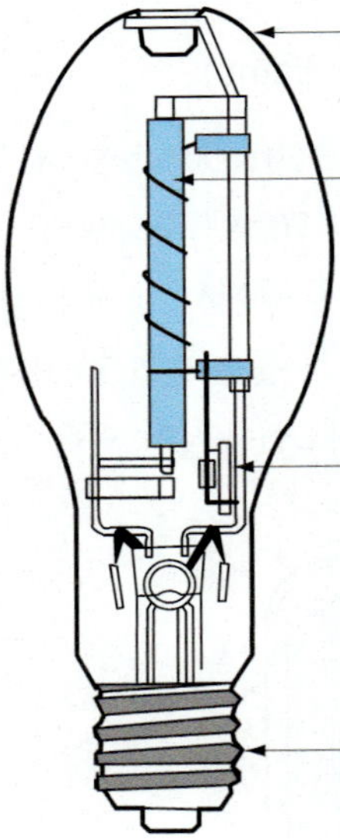

[그림 1.23] 고압 나트륨등

구조는 그림 1.23과 같이 열음극을 지닌 발광관과 보온용 외관으로 되어 있으며, 그 중간은 진공으로 되어 있다. 고압 나트륨등의 증기압은 100 mmHg이고, 발광효율은 250℃, 증기압 0.0016 mmHg 부근에서 최고로 된다.

발광관 내에는 소량의 고형 나트륨과 보조 기체로서 아르곤을 1.5 mmHg 정도로 봉입하며, 점화 후 10분 정도에서 방전이 안정된다. 발광관은 나트륨 증기에 견딜 수 있는 특수 유리, 즉 SiO_2 를 미량 포함한 B_2O_3, $A1_2O_3$, Na_2O, CaO를 주성분으로 한 것을 사용한다. 왜냐하면 보통 유리는 나트륨 증기에 의하여 황갈색 혹은 흑색으로 변색하기 때문이다. 또, 발광관 내의 열음극에는 산화물을 피복하여 열전자 방출을 돕고 있다. 용도는 배기가스 및 안개 등에 대한 투과력이 우수하여 안개지역 · 터널 · 교량 · 가로 조명등에 이용되고 있다.

5.4 수은등 (Mercury Lamp)

(1) 저압 수은등 (Low Pressure Mercury Lamp)

수은 증기압이 0.01~10 mmHg 정도 되는 것을 저압 수은등이라 한다. 수은을 봉입한 가늘고 긴 유리관의 양단에 전극을 설치한 방전관으로서, 열음극이나 냉음극을 사용하기도 하고, 한쪽 전극에 수은류의 음극을 설치한 것도 있다.

저압 수은등을 응용한 것에 살균등과 형광등이 있다. 전 복사속의 대부분이 2,537 Å의 자외선으로 발산되므로 자외선 투과 유리관을 사용하면 살균등으로 된다. 살균등은 산화물로 피복한 열음극을 사용한 것으로, 수은은 상온에서 약 0.001 mmHg로 봉입되어 동작시의 증기압은 0.01~2 mmHg 정도로 된다. 방전관 내에는 수은 외에 보조 가스인 아르곤이 수 mmHg로 봉입되어 있다.

보통 유리관을 쓰고 내면에 형광물질을 발라서 자외선을 가시선으로 변환하는 것이 형광등이며, 형광등에 대해서는 다음 단원에서 다시 설명하기로 한다.

(2) 고압 수은등 (High Pressure Mercury Lamp)

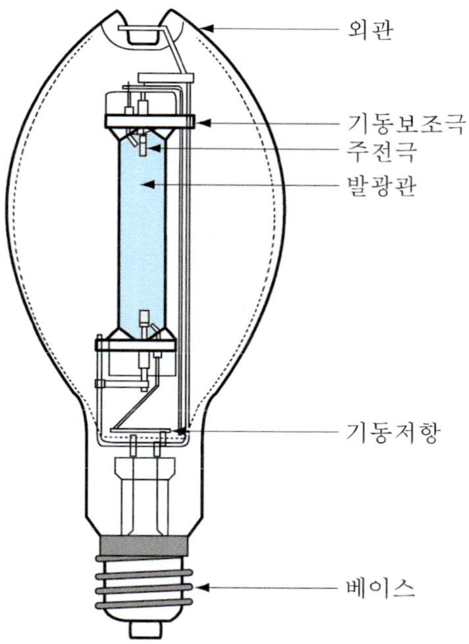

[그림 1.24] 고압 수은등의 구조

점등시에 수은 증기압이 100 ~ 760 mmHg 정도의 것을 말하며, 앞의 그림 1.24에 있는 바와 같이 발광관의 수은 증기압, 즉 온도를 높이기 위하여 2중관으로 되어 있다.

발광관은 점등 중의 온도가 400℃ 이상으로 높으므로 내열성인 석영 유리로 만들고, 1기압 정도의 수은증기와 방전 기동용 보조 가스로서 5 ~ 6 mmHg 정도의 아르곤 가스가 봉입되어 있다.

외관은 경질의 유리를 써서 발광관을 보호하며, 온도를 유지하고 내부에 있는 금속 부분의 산화를 방지하며, 또 유해로운 자외선이 외부로 나오지 않도록 배기 후 질소 또는 아르곤을 1/2 기압 정도로 봉입한다. 이와 같이 하여 점등 시에 외관 내외의 기압이 1기압으로 평형되도록 되어 있다.

점등 후 최대 광도에 도달하려면 약 5 ~ 8분 걸리고, 또 정상적으로 점등된 것을 한번 소등하고 다시 스위치를 넣어도 바로 점등되지 않고 약 7 ~ 10분 걸려서 점화된다. 효율은 50 lm/W 정도로 높으며, 수명은 12,000 시간 정도 된다. 도로, 공원, 광장, 경기장 및 공장의 조명에 사용되고 있다.

고압 수은등 및 초고압 수은등의 결점은 광색에 적색이 부족한 것이다. 이 결점을 개선하기 위하여 발광관 중에 Cd, Zn을 넣거나 또는 외관 내벽에 형광물질을 바르는 방법이 사용되고, 이것을 형광 수은등(Fluorescent Mercury Lamp)이라 한다.

(3) 초고압 수은등 (Super-high Pressure Mercury Lamp)

초고압 수은등의 증기압은 10 ~ 200 기압 정도이고, 발광효율은 40 ~ 70 lm/W이다. 10^9 cd/cm^2 이상의 고휘도를 얻을 수 있고, 광색은 백색광으로 연속 스펙트럼이 많다. 석영관 내에 1 ~ 2 cm 간격의 2개의 전극과 수은 및 소량의 아르곤을 봉입한 발광관을 다시 유리구로 덮은 것이다.

중심 온도는 8,000 ~ 10,000℃로 되고, 관벽은 400 ~ 600℃ 정도로서, 용량이 작은 것은 공랭식, 1 kW 이상의 것은 수랭식으로 되어 있다. 효율과 광색이 좋고 용량이 크므로 공장조명, 가로조명등에 사용되며, 대용량의 수랭식의 것은 사진제판용으로 사용된다.

외관에 자외선 투과 유리구를 써서 다량의 자외선을 나오게 만든 초고압 수은 건강등은 일광이 부족한 지하실, 공장, 빌딩 등의 보건용 조명에 적당하다. 또, 외관에 자외선에 대한 투과율이 큰 석영관을 쓰고, 알루미늄의 반사 갓으로 투광기와 같이 좁게 비치는 태양등은 피부병의 치료, 기타 의료용으로 사용된다.

5.5 메탈 할라이드등(Metal Halide Lamp)

외관은 고압 수은등과 비슷하지만 발광관 안에 수은, 아르곤 등의 불활성가스 외에 발광물질로 금속 할로겐 화합물(Ti, Na, In, Th 등) 등을 넣어 연색성을 개선한 등이다. 봉입 금속을 할로겐 금속으로 하는 이유는 실용적인 발광관 온도에서 높은 증기압이 얻어지는 점과 고온상태에서 발광관 재료인 석영과 첨가한 금속이 반응하는 것을 방지할 수 있다.

기동 시와 재 점등 시 고압 수은등과 같이 몇 분 정도 약간의 시간이 소요된다. 사용용도는 고압 수은등과 비슷하나 연색성이 우수하고, 효율이 높아 최근 많이 이용되고 있다. 그 구조를 그림 1.25에 나타내었다.

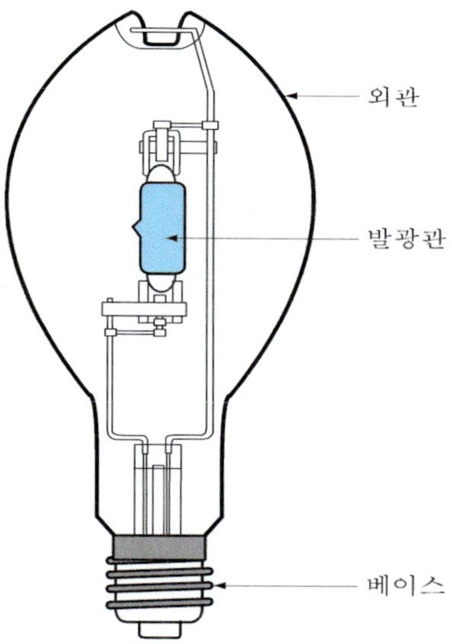

[그림 1.25] 메탈 할라이드등

5.6 네온관등(Neon Tube Lamp)

지름 12~15 mm의 긴 유리관을 진공으로 한 후에 2 mmHg 정도의 압력으로 불활성가스 또는 수은을 봉입하고, 양단에 원통형의 음극관 금속 전극을 장치하여 이것에 고압의 교류를 가하면 양광주가 빛난다. 이것을 **네온관등**이라 하며, 광고용으로 많이 쓰이므로 네온사인(Neon Sign)이라고도 한다. 광색은 봉입가스 및 유리관의 종류에 따라 표 1.6과 같이 여러 가지 색을 얻을 수 있다. 전원으로는 **자기누설 변압기**를 쓰며, 네온관용 변압기라고도 한다.

[표 1.6] 가스와 광색

봉입 가스	유리관 색	관등의 색
네온	투명	등적색
	청색	등색
아르곤과 수은	투명	청색
	황록색	녹색
헬륨	투명	백색
	황갈색	황갈색
아르곤	투명	고동색

5.7 네온전구

그림 1.26과 같이 유리구 내에 전극을 2~3 mm로 접근하여 장치하고, 네온 또는 아르곤을 수 10 mmHg의 압력으로 봉입한 것으로, 베이스 내에 수천 Ω의 안정저항을 직렬로 삽입하고 있다. 이 네온전구는 전극 간의 길이가 짧으므로 **부글로**만 빛난다. 네온전구는 파일럿 등 및 종야 등, 직류의 극성 판별용, 검전기, 오실로그래프 및 스트로보스코프용에 이용된다.

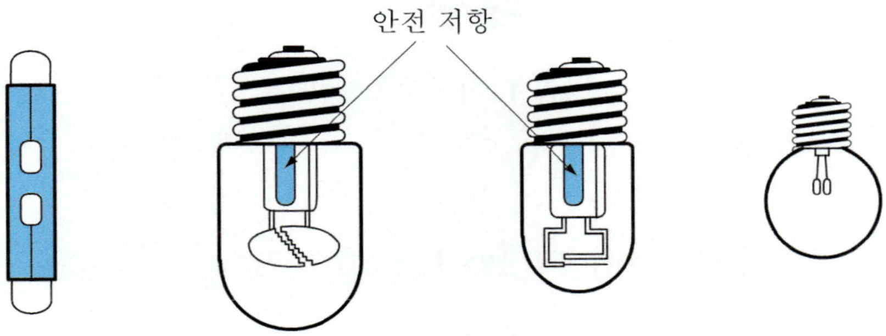

[그림 1.26] 네온전구

5.8 형광등(Fluorescent Illumination)

(1) 구조와 원리

형광등은 열음극으로 된 저압 수은등의 일종이며, 방전에서 발생된 자외선으로 유리관 내면에 바른 형광물질을 자극하여 효율이 좋은 광속을 얻도록 만든 것이다.

그 구조는 그림 1.27에 표시한 바와 같이 유리관의 양단에 바륨(Ba) 또는 스트론튬(Sr)의 산화물을 피복한 열음극(2중 코일 텅스텐 필라멘트)을 장치하고, 관내에 소량의 수은을 넣어서 점등 중에 0.01 mmHg 수은 증기압이 되도록 하고, 방전 개시를 용이하게 하기 위하여 5~6 mmHg 아르곤이 봉입하며 관 벽에는 형광체를 칠한다.

점등 시에는 형광등 양단의 전극이 예열되어 열전자가 관 단부로 확산하게 된다. 이때 예열회로를 차단하면 양 전극 사이에서 방전이 개시된다. 방전에 의해 열전자가 관의 내부에 봉입한 소량의 수은원자와 충돌하게 된다.

열전자와 충돌한 수은원자에서 2537 Å의 자외선이 방출되며, 이 자외선이 유리관 내부에 도포한 형광물질을 여기하여 형광물질에서 가시광선을 발광하게 된다.

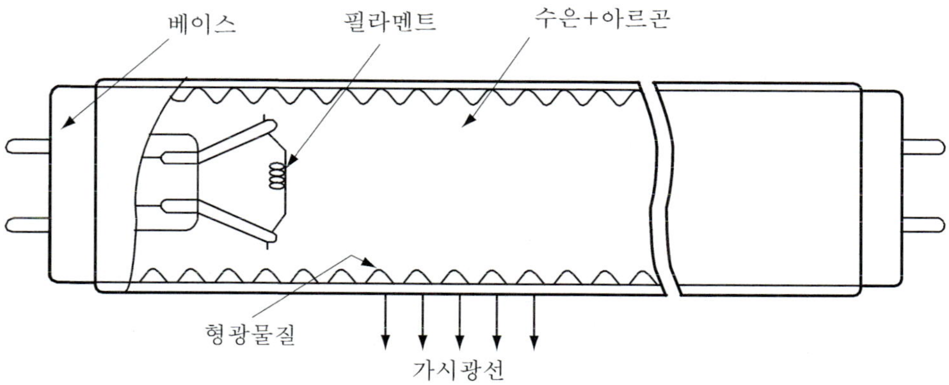

[그림 1.27] 형광등의 구조

(2) 광색과 스토크스의 법칙

형광등의 광색에는 주광색(Daylight), 전구색(Linterna), 백색(White), 온백색(Warm White) 등이 있으며 색온도는 주광색이 6500°K, 전구색은 2700°K, 백색은 4100°K, 온백색이 3000°K이다.

형광파장은 여기파장보다 길게 되는데 이를 **스토크스의 법칙**(Stock's Law)이라 한다.

(3) 온도 특성

형광등은 주위 온도가 20～25℃, 관벽 온도 40～45℃일 때 복사효율이 최대가 된다.

그림 1.28에 있는 바와 같이 10℃ 이하로 되면 광속이 급속히 감소하고, 방전 개시 전압이 높아지므로 점등하기 어렵게 된다. 또한 35℃ 이상으로 되면 방전 개시는 용이하나, 광속이 감소하여 어두워진다.

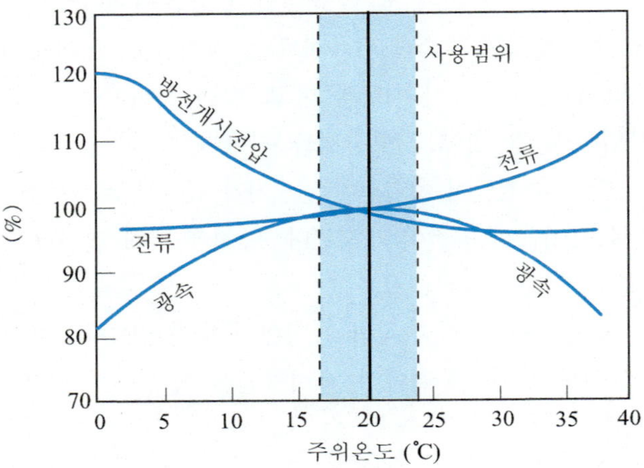

[그림 1.28] 형광등의 온도 특성

형광등은 온도가 저하하면 관내의 수은 증기압이 감소하여 광속이 적어지고, 또 온도가 높아지면 관내의 압력이 증가되어 여기파장(2537 Å)이 약하게 되므로 이것 역시 광속이 감소된다.

(4) 전압 특성

형광등은 정격전압의 ±6 % 범위이면, 전압이 높은 경우와 낮은 경우 다 같이 수명이 짧아진다. 그 원인은 전압이 높아지면 필라멘트가 고온으로 되어 수명이 짧아지고, 또한 전압이 저하되면 기동까지 많은 시간이 걸리므로 전극물질의 승화작용과 수은 증기압의 감소 등으로 전극이 파열되기 때문이다.

공급전압이 정격전압보다 증가할 경우 전류와 광속은 증가한다. 그러나 광속 증가의 비율은 전류 증가에 따라가지 못하므로 효율은 떨어진다.

또한 안정기의 질이 나쁜 것, 즉 설계 불량으로 철심이 포화되어 임피던스가 저하되면 전류가 증가하여 수명에 큰 영향을 준다. 그리고 주파수가 저하되어도 안정기의 리액턴스 $2\pi fL$ 가 감소하여 전류가 증가하게 되므로 수명이 짧아진다.

(5) 동정 특성과 수명

그림 1.29와 같이 점등 중에 광속의 감소하는 비율과 시간과의 관계를 나타내는 곡선을 **동정 곡선**(Performance Curve)이라 한다.

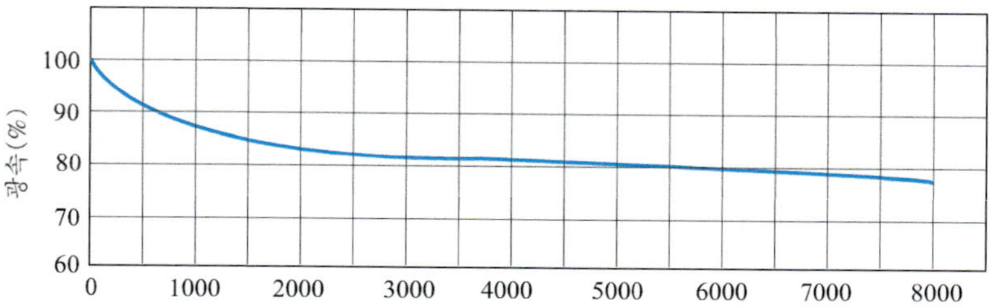

[그림 1.29] 형광등의 동정 곡선

형광등의 수명은 점등을 시작하여 전광속이 80%로 되었을 때까지의 시간과 형광등이 방전 불능으로 되었을 때까지의 시간 중 짧은 것으로 정한다.

한국산업규격에서는 초특성의 전광속이라는 것은 100시간 점등 후의 광속으로 하고, 동정 특성의 광속은 500시간 점등 후의 광속으로 정하고 있다.

(6) 형광등의 흑화현상

형광등의 양끝 부분이 검게 되는 현상을 **흑화**라 하며, 안정기가 좋지 않거나 점등횟수가 많고, 전압의 변동이 심한 경우에 이 현상이 나타난다. 형광등 양단에 흑화현상이 생기는 형태는 다음과 같다.

① 전극에서 5 cm 정도의 곳에 나타나는 환상의 흑화는 수십 시간 이상 사용하면 나타나나 특성에는 별로 영향을 주지 않는다.

② 베이스에 가까운 부분에 나타나는 짙은 반점의 흑화는 기동전류 또는 점화시의 전류가 과대한 경우에 일어난다.

③ 방전관 끝부분의 넓은 흑화는 관의 수명 말기에 생기며, 이것은 필라멘트 표면에 도포되어 있는 바륨(Ba)이 승화되어 관 내벽에 부착한 것이다.

이와 같은 흑화현상이 생기면 방전 개시전압이 과대하게 높아져서 점등관이 동작하여도 필라멘트만 가열될 뿐이고, 점멸을 반복하여도 안정된 점화가 불능하게 된다. 형광등의 열화는 수은과 형광체가 화합하거나 자외선의 심한 자극으로 변질되는 것이다.

(7) 역률 개선

백열전구의 역률은 100%이나 형광등은 안정기가 삽입되어 있으므로 50~60%이다. 형광등 자체는 저항부하에 가깝고, 그 역률은 약 90%나 된다.

역률을 개선하기 위하여 전원과 병렬로 콘덴서 C를 접속하며, 회로에서 역률 개선 전이나 개선 후의 전력은 같으므로 C는 다음과 같이 계산된다.

$$P = VI_L\cos\theta_1 = VI\cos\theta_2$$

$$\therefore \; I_L = \frac{P}{V\cos\theta_1}$$

$$I_C = 2\pi f CV = I_L\sin\theta_1 - I\sin\theta_2$$

$$= \frac{P\sin\theta_1}{V\cos\theta_1} - \frac{P\sin\theta_2}{V\cos\theta_2} = \frac{P}{V}(\tan\theta_1 - \tan\theta_2)$$

$$\therefore \; C = \frac{P\times 10^6}{2\pi f V^2}(\tan\theta_1 - \tan\theta_2)[\mu\text{F}] \tag{1.40}$$

여기서, $\cos\theta_1$: 점등회로의 역률
$\cos\theta_2$: 개선 후의 역률
P : 입력 (W)
I_L : 관 전류 (A)
I : 선 전류 (A)
V : 전압 (V)
f : 주파수 (Hz)

예제 19 FL-20D 형광등의 전압이 100 V, 전류가 0.35 A, 안정기의 손실이 5 W일 때의 역률은 몇 % 인가?

풀이 V=100 V, I_L = 0.35 A, 안정기 손실은 5 W이므로

$$P = 20 + 5 = 25\,W$$

$$\therefore \; \cos\theta = \frac{P}{VI_L} = \frac{25}{100\times 0.35} = 0.714$$

$$= 71.4\%$$

연습 문제

1. 탄소아크등에 대해 설명하여라.

2. 수은등에 대해 설명하여라.

3. 나트륨등에 대하여 설명하여라.

4. 네온관등에 대해 설명하여라.

5. 네온전구에 대해 설명하여라.

6. 형광등의 발광원리에 대해 설명하여라.

7. 스토크스의 법칙에 대해 설명하여라.

8. 형광등에서 주위 온도와 전압이 성능에 어떤 영향을 미치는가?

9. 40 W 백색 형광등의 광속이 2,400 lm인 때에 안정기 손실이 5 W이면 효율(lm/W)은?

기·출·문·제

1-1 시감도가 가장 크며, 우리의 눈에 가장 잘 반사되는 색깔은?

㉮ 등색 ㉯ 녹색
㉰ 황록색 ㉱ 적색

답 ㉰

1-2 진공에서 파장이 555 nm인 빛의 진동수는?

㉮ 0.54×10^{15} Hz ㉯ 0.5×10^{17} Hz
㉰ 0.54×10^{16} Hz ㉱ 0.5×10^{16} Hz

해설 $\lambda f = c$, $c = 3 \times 10^8 \mathrm{m/s}$이므로

$$f = \frac{c}{\lambda} = \frac{3 \times 10^8}{555 \times 10^{-9}} = 5.4 \times 10^{14} = 0.54 \times 10^{15} \mathrm{Hz}$$

답 ㉮

1-3 최대 시감도는 몇 lm/W 인가?

㉮ 300 ㉯ 555
㉰ 680 ㉱ 760

답 ㉰

1-4 완전 확산면은 어느 방향에서 보아도 무엇이 같은가?

㉮ 광속 ㉯ 조도
㉰ 광도 ㉱ 휘도

답 ㉱

1-5 광원의 광색 온도란?

㉮ 백색을 낼 때의 온도
㉯ 같은 색을 낼 때의 백금의 온도
㉰ 같은 색을 내는 흑체의 온도
㉱ 같은 색을 내는 열 루미네슨스의 온도

답 ㉰

1-6 어떤 온도 복사체의 온도를 같은 시간에 측정하여 그 크기를 비교하고 큰 순서로 배열한 것은?

㉮ 색온도 – 진온도 – 휘도 온도 – 복사 온도
㉯ 진온도 – 색온도 – 복사 온도 – 휘도 온도
㉰ 휘도 온도 – 복사 온도 – 색온도 – 진온도
㉱ 복사 온도 – 휘도 온도 – 진온도 – 색온도

해설 색온도 : 색이 같을 때의 흑체의 온도
휘도 온도 : 휘도가 같은 때의 흑체의 온도
복사 온도 : 전체 복사속이 같을 때의 흑체의 온도
진온도 : 온도 복사체의 실제 온도

㉮

1-7 복사속의 단위는?

㉮ 스테라디안(sr) ㉯ 와트(W)
㉰ 루멘(lm) ㉱ 칸델라(cd)

㉯

1-8 다음 중 잘못된 것은?

㉮ $1\,\mathrm{lx} = 1\,\mathrm{lm/m^2}$ ㉯ $1\,\mathrm{ph} = 1\,\mathrm{m/cm^2}$
㉰ $1\,\mathrm{ph} = 10^5\,\mathrm{lx}$ ㉱ $1\,\mathrm{rlx} = 1\,\mathrm{lm/m^2}$

해설 $1\,\mathrm{ph} = 10^4\,\mathrm{lm/m^2} = 10^4\,\mathrm{lx}$

㉰

1-9 평균 구면광도가 120 cd 인 전구로부터의 총 발산광속(lm)은 얼마인가?

㉮ 380 ㉯ 1200
㉰ 1507 ㉱ 1600

해설 평균 구면광도에서 입체각 $\omega = 4\pi$, $F = \omega I = 4\pi \times 120 = 1507.2\,\mathrm{lm}$

㉰

1-10 전등효율이 16.3 lm/W 인 100 W 가스입 전구의 평균 구면광도 I[cd]는 얼마인가?

㉮ 약 1630 ㉯ 약 407
㉰ 약 130 ㉱ 약 40

해설 발생광속 $F = P\eta = 100 \times 16.3 = 1630\,\mathrm{lm}$

평균 구면광도 $I = \dfrac{F}{\omega} = \dfrac{1630}{4\pi} = 129.77\,\mathrm{cd}$

㉰

1-11 균일한 휘도를 가진 긴 원통(원주) 광원의 축 중앙 수직 방향의 광도가 200 cd이다. 이 원통 광원의 평균 구면광도(cd)는 얼마인가?

㉮ 200 ㉯ 157
㉰ 300 ㉱ 100

해설 원통 광원에서 $F=\pi^2 I\,[\mathrm{lm}]$, 평균 구면광도 $I_0=\dfrac{F}{\omega}=\dfrac{\pi^2 I}{4\pi}=\dfrac{\pi}{4}\times 200=157\ \mathrm{cd}$

㉯

1-12 균일한 휘도를 가진 긴 원주 광원을 구형 글로브에 넣어 점등하고, 그 구면광도를 측정해 보니 200 cd 였다. 이 글로브의 투과율을 80% 라 하면, 내부 원주 광원 축 중앙 수직 방향의 광도는 약 몇 cd인가?

㉮ 318 ㉯ 255
㉰ 628 ㉱ 503

해설 원통 광원의 광도를 I_c라 하면 전광속 $F_c=\pi^2 I_c$
구형 글로브를 통과한 광속 F, 글로브의 평균 구면광도 I_0는

$$I_0=\frac{F}{\omega}=\frac{\tau F_c}{\omega}=\frac{0.8\pi^2 I_c}{4\pi}=200\text{에서 } I_c=318.47\ \mathrm{cd}$$

㉮

1-13 한 변 50 cm인 정사각형 완전 확산성 평판 광원이 있다. 총광속이 157 lm이라면, 중심점에서의 수직 방향 최대 광도(cd)의 값은?

㉮ 약 12.5 ㉯ 약 50
㉰ 약 200 ㉱ 약 628

해설 평판 광원의 광속 $F=\omega I$에서 $I=\dfrac{F}{\omega}=\dfrac{157}{\pi}=50\ \mathrm{cd}$

㉯

1-14 $20\mathrm{cm}^2$ 의 면적에 0.5 lm의 광속이 입사하고 있다. 이 면의 조도(lx)는?

㉮ 200 ㉯ 250
㉰ 300 ㉱ 350

해설 조도 $E=\dfrac{F}{A}=\dfrac{0.5}{20\times 10^{-4}}=250\ \mathrm{lx}$

㉯

1-15 $60\ m^2$ 의 정원에서 평균 조도 20 lx를 얻으려면 몇 lm의 광속이 필요한가? (단, 유효한 광속은 전광속의 40%이다.)

㉮ 3000 ㉯ 4000
㉰ 4500 ㉱ 5000

해설 광속 $F = \dfrac{EA}{U} = \dfrac{20 \times 60}{0.4} = 3000\ \text{lm}$

㉮

1-16 길이 2 m인 장형 광도계로 10 cd의 표준등에서 90 cm인 곳에 광도계 두부가 있을 때 측광 평형이 얻어졌다면 피측 전구의 광도(cd)는?

㉮ 약 7 ㉯ 약 8
㉰ 약 12 ㉱ 약 15

해설 $E_1 = E_2$이므로 $\dfrac{I_1}{{r_1}^2} = \dfrac{I_2}{{r_1}^2}$에서 $I_2 = I_1\left(\dfrac{r^2}{r_1}\right) = 10\left(\dfrac{2-0.9}{0.9}\right)^2 = 14.93\ \text{cd}$

㉱

1-17 중심 광도 360,000 cd의 투광기에서 60 m의 거리에 있는 간판을 비추고 있다. 간판의 광중심의 조도(lx)는?

㉮ 6000 ㉯ 600
㉰ 360 ㉱ 100

해설 $E = \dfrac{I}{r^2} = \dfrac{360000}{60^2} = 100\ \text{lx}$

㉱

1-18 3 m 떨어진 점의 조도가 200 lx이었다면 이 방향의 광도(cd)는?

㉮ 1800 ㉯ 2000
㉰ 2500 ㉱ 3000

해설 $E = \dfrac{I}{r^2}$에서 $I = Er^2 = 200 \times 3^2 = 1800\ \text{cd}$

㉮

1-19 반사율 40%, 흡수율 10%를 가지고 있는 캔트지에 1500 lm의 광을 비추었을 때, 투과 광속(lm)은?

㉮ 500　　㉯ 750
㉰ 850　　㉱ 900

해설 $\rho+\tau+\alpha=1$에서 투과율 $\tau=1-\rho-\alpha=1-0.4-0.1=0.5$
투과 광속 $F_\tau=\tau F=0.5\times1500=750\text{ lm}$

㉯

1-20 반사율 60%, 흡수율 20%를 가지고 있는 물체에 2000 lm의 빛을 비추었을 때, 투과되는 광속(lm)은?

㉮ 400　　㉯ 600
㉰ 800　　㉱ 1200

해설 투과율 $\tau=1-\rho-\alpha=1-0.6-0.2=0.2$
투과 광속 $F_I=\tau F=0.2\times2000=400\text{ lm}$

㉮

1-21 반사율 40%, 투과율 10%인 종이에 1000 lm의 빛을 비추었을 때 흡수되는 광속(lm)은?

㉮ 250　　㉯ 400
㉰ 500　　㉱ 650

해설 흡수율 $\alpha=1-\rho-\tau=1-0.4-0.1=0.5$
흡수 광속 $F_\alpha=\alpha F=0.5\times1000=500\text{ lm}$

㉰

1-22 어떤 유리판에 1000 lm를 조사하여 700 lm이 반사되고 250 lm이 투과하였다. 이 유리의 흡수율(%)은?

㉮ 5　　㉯ 10
㉰ 15　　㉱ 20

해설 흡수 광속 F_α =입사 광속 − 반사 광속 − 투과 광속 = 1000−700−250 = 50 lm

흡수율 $\alpha\,[\%]=\dfrac{F_\alpha}{F}\times100=\dfrac{50}{1000}\times100=5\,\%$

㉮

1-23 200 W 전구를 우유색 구형 글로브에 넣었을 경우 우유색 유리 반사율을 30%, 투과율은 50%라고 할 때, 글로브의 효율(%)을 구하면?

가 약 88　　나 약 83
다 약 76　　라 약 71

해설 구형 글로브의 효율 $\eta = \dfrac{\tau}{1-\rho} = \dfrac{0.5}{1-0.3} = 0.714$

라

1-24 100 W 전구를 우유색 구형 글로브에 넣었을 경우, 우유색 유리의 반사율 30%, 투과율 40%라고 할 때, 글로브의 효율(%)을 구하면?

가 25　　나 43
다 57　　라 81

해설 구형 글로브의 효율 $\eta = \dfrac{\tau}{1-\rho} = \dfrac{0.4}{1-0.3} = 0.571$

다

1-25 지표상 6 m의 높이에 백열전등을 장치하여 가로 조명을 하는 경우에 전등 바로 아래로부터 8 m 떨어진 P점의 법선 조도(lx)는?(단, 전등의 P점을 향하는 방향의 광도는 50 cd이다.)

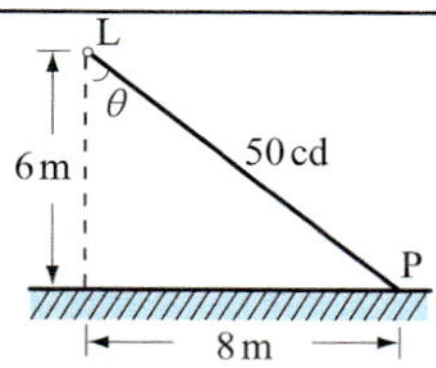

가 0.2　　나 0.3
다 0.4　　라 0.5

해설 법선 조도는 거리 역 제곱 법칙에 의하여

$$E = \frac{I}{r^2} = \frac{50}{(\sqrt{6^2+8^2})^2} = \frac{50}{10^2} = 0.5\ \text{lx}$$

라

1-26 그림과 같이 광원 L에서 P점 방향의 광도가 50 cd일 때 P점의 수평면 조도는?

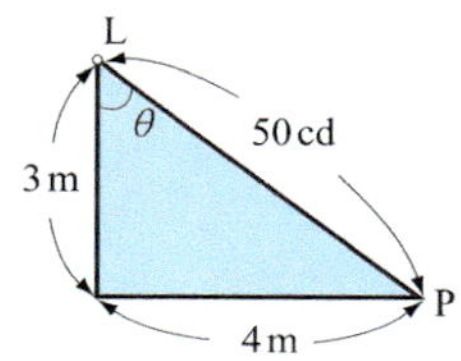

가 0.6 lx　　나 0.8 lx
다 1.2 lx　　라 1.6 lx

해설 $E_h = E_n\cos\theta = \dfrac{I}{r^2}\cos\theta$

$$= \frac{50}{(\sqrt{3^2+4^2})^2}\frac{3}{\sqrt{3^2+4^2}} = 1.2\ \text{lx}$$

다

1-27 150 cd의 점광원으로부터 3 m의 거리에서 그 방향에 수직되는 면과 60°각을 이루는 평면상의 조도(lx)는?

㉮ $\frac{25}{3}$　　㉯ $\frac{25\sqrt{3}}{3}$

㉰ $\frac{25\sqrt{5}}{3}$　　㉱ $\frac{25\sqrt{2}}{3}$

해설 입사각 코사인 법칙 $E = E_n \cos\theta = \frac{I}{r^2}\cos\theta$ 에 의하여

$$E = \frac{I}{r^2}\cos\theta = \frac{150}{3^2}\cos\theta = \frac{25}{3}\text{lx}$$

✎ 가

1-28 그림과 같이 바닥 BC에서 높이 3 m, 벽 AB에서 거리 4 m 되는 곳에 있는 광원 L에 의하여 모서리 B의 바닥에 생긴 조도가 20 lx일 때, B로 향하는 방향의 광도(cd)는 약 얼마인가?

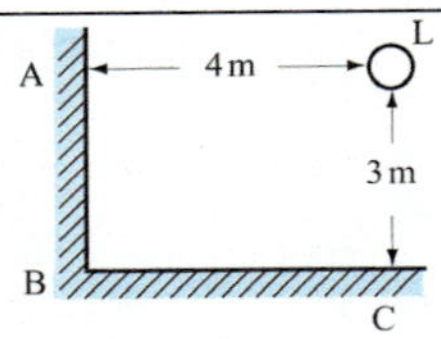

㉮ 780　　㉯ 833

㉰ 900　　㉱ 950

해설 바닥에 생긴 조도 = 수평면 조도

$E_h = \frac{I}{r^2}\cos\theta$ 에서

$$I = \frac{E_h r^2}{\cos\theta} = \frac{20 \times (\sqrt{3^2 + 4^2})^2}{(3/5)} = 833.33 \text{ cd}$$

✎ 나

1-29 그림과 같은 간판을 비추는 광원이 있다. 간파면상 P점의 조도를 200 lx로 하려면 광원의 광도(cd)는? (단, P점은 광원 L을 포함하고, 간판의 직각인 면상에 있으며, 또 간판의 기울기는 직선 LP와 30°이고, LP간은 1 m이다.)

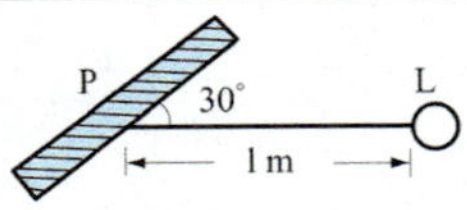

㉮ 400　　㉯ 200

㉰ 100　　㉱ 50

해설 $E = \frac{I}{r^2}\cos\theta$ 에서

$$I = \frac{E \cdot r^2}{\cos\theta} = \frac{200 \times 1^2}{\cos(90-30)} = 400 \text{ lx}$$

✎ 가

1-30 면적이 $80\times80\text{cm}^2$ 인 완전 확산성 유리면의 바로 아래에서 본 광도가 320 cd이다. 휘도(sb)를 구하면?

㉮ 0.04 ㉯ 0.05
㉰ 0.06 ㉱ 0.07

해설 휘도 $B = \dfrac{I}{S} = \dfrac{320}{80 \times 80} = 0.05\ \text{cd/cm}^2 = 0.05\ \text{sb}$

㉯

1-31 완전 확산면의 휘도가 1 stilb일 때의 광속 발산도(rlx)는?

㉮ π ㉯ $10^4\pi$
㉰ 4π ㉱ $10^{-4}\pi$

해설 $1\ \text{sb} = 10^4\ \text{nt}$ 이므로 $R = \pi B = \pi \times 10^4\ \text{rlx}$

㉯

1-32 천장에 장치한 가로 20 cm, 세로 60 cm의 우윳빛 유리판이 300 lm의 광속을 발산하고 있다. 유리면의 광속 발산도(rlx)는 얼마인가?

㉮ 5500 ㉯ 2500
㉰ 3500 ㉱ 1500

해설 $R = \dfrac{F}{A} = \dfrac{300}{0.2 \times 0.6} = 2500\ \text{rlx}$

㉯

1-33 반사율 50%인 완전 확산성의 종이를 100 lx의 조도로 비추었을 때 종이의 광속 발산도(rlx)는?

㉮ 50 ㉯ 64
㉰ 70 ㉱ 81

해설 반사면에서는 $R = \rho E = 0.5 \times 100 = 50\ [\text{lm/m}^2]\ [\text{rlx}]$

㉮

1-34 반사율 70%인 완전 확산성 종이를 100 lx의 조도로 비추었을 때, 종이의 휘도(cd/m^2)는?

㉮ 약 22 ㉯ 약 32
㉰ 약 45 ㉱ 약 50

해설 반사면에서는 $R = \pi B = \rho E$에서

$$B = \frac{\rho}{\pi} E = \frac{0.7}{\pi} \times 100 = 22.3\ \text{cd/m}^2$$

㉮

1-35 100 cd인 점광원의 하방 1 m 되는 곳에 있는 반사율 70%인 백색 판의 광속 발산도(rlx)는?

㉮ 70 ㉯ 20
㉰ 0.7 ㉱ 220

해설 반사면에서는 $R = \rho E = \rho \frac{I}{r^2} = 0.7 \frac{100}{1^2} = 70\ [\text{lm/m}^2][\text{rlx}]$

㉮

1-36 투과율이 40%인 완전 확산성의 우윳빛 유리판을 천장 위에서 비추었을 때 방바닥에서 본 휘도를 0.2 cd/cm^{2}로 하려면 천장 뒤의 유리면의 조도는 약 몇 lx인가?

㉮ 157 ㉯ 1570
㉰ 15700 ㉱ 157000

해설 $B = 0.2\ \text{cd/cm}^2 = 2000\ \text{cd}\cdot\ \text{m}^2$

$R = \pi B = \tau E$에서 $E = \frac{\pi B}{\tau} = \frac{\pi \times 2000}{0.4} = 15700\ \text{lx}$

㉰

1-37 반사율 ρ, 투과율 τ, 반지름 r 인 완전 확산성 구형 글로브의 중심에 광도 I [cd]인 점광원을 켰을 때, 글로브 표면의 광속 발산도는?

㉮ $\frac{\rho I}{r^2(1-\rho)}$ ㉯ $\frac{4\pi\rho I}{r^2(1-\tau)}$
㉰ $\frac{\tau I}{r^2(1-\rho)}$ ㉱ $\frac{\rho\pi I}{r^2(1-\rho)}$

해설 완전 확산성 구형 글로브 효율 $\eta = \frac{\tau}{1-\rho}$이고, 거리 역 제곱 법칙 $E = \frac{I}{r^2}$에서

$$R = \eta E = \eta \frac{I}{r^2} = \frac{\tau}{1-\rho} \frac{I}{r^2}$$

㉰

1-38 150 W 가스입 전구를 반지름 20 cm, 투과율 80%인 구의 내부에서 점등시켰을 때 구의 평균 휘도(cd/cm²)는? (단, 구의 반사는 무시하고, 전구의 광속은 2450 lm이라 한다.)

㉮ 0.124 ㉯ 0.390
㉰ 0.487 ㉱ 0.496

해설 $R = \pi B = \tau E$ 이므로

$$B = \frac{\tau E}{\pi} = \frac{\tau}{\pi}\frac{F}{S} = \frac{0.8 \times 2450}{\pi \times 4\pi \times (0.2)^2} = 1242\ \mathrm{cd/m^2} = 0.124\ \mathrm{cd/cm^2}$$

㉮

1-39 그림과 같은 점광원으로부터 원뿔 밑면까지의 거리가 4 m이고, 밑면의 반지름이 3 m인 원형면의 조도가 평균 100 lx 라면 이 점광원의 평균 광도(cd)는?

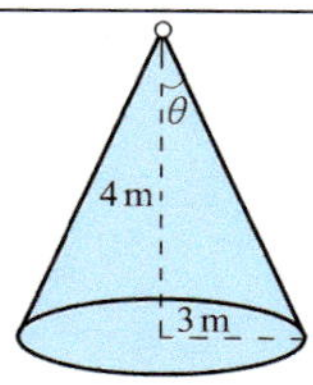

㉮ 225 ㉯ 250
㉰ 2250 ㉱ 2500

해설 광속 $F = EA = \omega I$에서

$$I = \frac{EA}{\omega} = \frac{E\pi a^2}{2\pi[1-\cos\theta]} = \frac{100 \times \pi \times 3^2}{2\pi\left[1 - \frac{4}{5}\right]} = 2250\ \mathrm{cd}$$

㉰

1-40 반지름 a, 휘도 B 인 완전 확산성 구면광원의 중심에서 h 되는 거리의 점에서 이 광원의 중심으로 향하는 조도(lx)는 얼마인가?

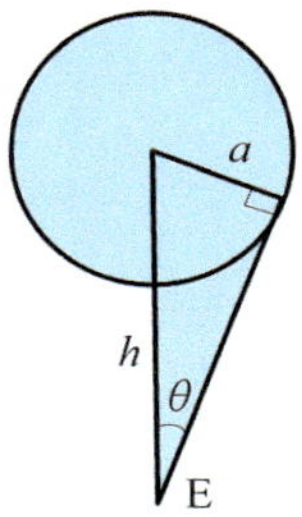

㉮ πB ㉯ $\frac{\pi B a^2}{h^2}$

㉰ $\pi B a^2 h$ ㉱ $\frac{\pi B a}{h}$

해설 크기를 가진 광원에 의한 조도 E는

$$E = \pi B \sin^2\theta = \pi B\left(\frac{a}{h}\right)^2 = \pi B\frac{a^2}{h^2}$$

㉯

1-41 루소 선도가 그림과 같이 표시되는 광원의 하반구 광속(lm)은 약 얼마인가?

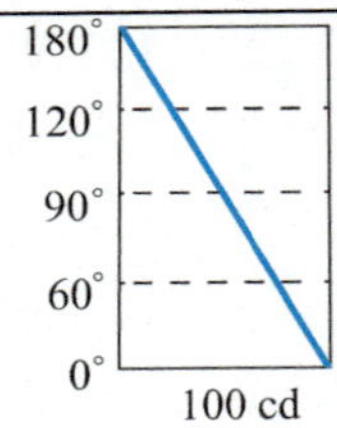

㉮ 471　㉯ 940
㉰ 1880　㉱ 7500

해설 하반구의 면적 $S = \dfrac{(100+50)100}{2} = 7500$

루소 선도에서 $F = \dfrac{2\pi}{R}S = \dfrac{2\pi}{100} \times 7500 = 471\ \mathrm{lm}$

㉮

1-42 어떤 전구의 상반구 광속은 2000 lm, 하반구 광속은 3000 lm이다. 평균 구면광도는 약 몇 cd인가?

㉮ 200　㉯ 400
㉰ 600　㉱ 800

해설 $I_0 = \dfrac{F}{\omega} = \dfrac{\text{상반구 광속} + \text{하반구 광속}}{4\pi} = \dfrac{2000+3000}{4\pi}$

$= 398\ \mathrm{cd}$

㉯

1-43 파이로 루미네슨스를 이용한 것은?

㉮ 텔레비전 영상　㉯ 수은등
㉰ 형광등　㉱ 발염 아크등

해설 파이로 루미네슨스 : 방전관에 금속류를 첨가하여 금속의 발광을 이용

㉱

1-44 조명률에 관계없는 사항은?

㉮ 조명기구　㉯ 방 지수
㉰ 실내면의 반사율　㉱ 보수상태

㉱

1-45 방의 폭이 X[m], 길이가 Y[m], 직업면으로부터 광원까지의 높이가 H[m]일 때, 실 지수 K의 값은?

㉮ $K = \dfrac{H(X+Y)}{XY}$　㉯ $K = \dfrac{Y(X+Y)}{XY}$

㉰ $K = \dfrac{XY}{H(X+Y)}$　㉱ $K = \dfrac{X(X+Y)}{YH}$

㉰

1-46 방의 가로가 6 m, 세로가 9 m, 광원의 높이가 3 m 인 방의 실 지수는?

㉮ 162　㉯ 18　㉰ 1.8　㉱ 1.2

해설 실지수 $K = \dfrac{XY}{(X+Y)H} = \dfrac{6 \times 9}{(6+9) \times 3} = 1.2$

㉱

1-47 작업면에 필요한 조도를 E, 면적을 A, 조명률을 U, 전등수를 N, 광원 1개의 광속을 F, 감광보상률을 D 라고 할 때 실내 조명에서의 전 소요광속은?

㉮ $NF = \dfrac{AED}{U}$　㉯ $F = \dfrac{AEDN}{U}$

㉰ $NF = \dfrac{AED}{D}$　㉱ $F = \dfrac{NU}{EAD}$

해설 $NFU = EAD$ 에서 전 소요광속 $NF = \dfrac{AED}{U}$

㉮

1-48 1,000 lm을 복사하는 전등 5개를 100m^{2}의 실에 설치하였다. 조명률을 0.5, 감광보상률을 1.2 라고 하면 실의 평균 조도(lx)는?

㉮ 20.83　㉯ 37.5　㉰ 40.2　㉱ 42.5

해설 $NFU = EAD$에서 $E = \dfrac{NFU}{AD} = \dfrac{5 \times 1000 \times 0.5}{100 \times 1.2} = 20.833\ \text{lx}$

㉮

1-49 폭 10 m, 길이 20 m의 교실에 총광속 3,000 lm의 40 W 형광등 24개를 점등하였다. 조명률 50%, 감광보상률 1.5라 할 때 이 교실의 공사 후 초기 조도는?

㉮ 90 lx　㉯ 120 lx

㉰ 150 lx　㉱ 180 lx

해설 공사 후 초기 조도 계산 시에는 감광보상률을 고려하지 않아야 한다.

$$E = \frac{NFU}{A} = \frac{24 \times 3000 \times 0.5}{10 \times 20} = 180\ \text{lx}$$

㉱

1-50 가로 30 m, 세로 40 m 되는 실내 작업장에 광속이 2800 lm인 형광등 21개를 점등하였을 때, 이 작업장의 평균 조도(lx)는 약 얼마인가?

㉮ 17 ㉯ 16 ㉰ 13 ㉱ 11

해설 $E=\dfrac{NFU}{AD}=\dfrac{21\times2800\times0.4}{(30\times40)\times1.5}=13\ \text{lx}$

답 ㉰

1-51 평균 구면광도 80 cd의 전구 4개를 지름 8 m의 원형의 방에 점등하였다. 조명률을 0.4 라고 하면 방의 평균 조도(lx)는 얼마인가?

㉮ 18 ㉯ 22
㉰ 28 ㉱ 32

해설 $E=\dfrac{NFU}{AD}=\dfrac{N4\pi IU}{\pi r^2\times1}=\dfrac{4\times4\pi\times80\times0.4}{\pi\times4^2}=32\ \text{lx}$

답 ㉱

1-52 평균 구면광도 100 cd의 전구 5개를 지름 4 m인 원형의 실내에 점등하고 있다. 전광속의 50% 가 유효하게 이용된다고 하면, 이 방의 평균 조도(lx)는?

㉮ 40 ㉯ 150
㉰ 250 ㉱ 300

해설 $F=4\pi I=4\pi\times100=400\pi\ [\text{lm}],\ A=\pi r^2=4\pi\ [\text{m}^2]$이므로

$E=\dfrac{NFU}{AD}=\dfrac{5\times400\pi\times0.5}{4\times\pi\times1}=250\ \text{lx}$

답 ㉰

1-53 방의 가로가 10 m, 세로가 20 m, 천장의 높이가 5 m인 방에 완전 확산성 FL-40D 형광등 24 등을 점등하였다. 조명률 0.5, 감광보상률이 1.5라면 방의 평균 조도는 몇 lx인가? (단, 형광등 축과 수직 방향의 광도는 300 cd 이라 한다.)

㉮ 38 ㉯ 118
㉰ 150 ㉱ 177

해설 $E=\dfrac{NFU}{AD}=\dfrac{N\pi^2IU}{AD}=\dfrac{24\times\pi^2\times300\times0.5}{10\times20\times1.5}=118.4\ \text{lx}$

답 ㉯

1-54 폭 6 m, 길이 10 m, 높이 3.6 m 되는 학교 교실이 있다. 100 W 가스입 전구를 사용하여 조도 100 lx를 얻고자 한다. 전구의 수를 구하여라. (단, 조명률은 45% 감광보상률은 1.3, 100 W 가스입 전구의 광속은 1500 lm이라 한다.)

㉮ 약 60개 ㉯ 약 40개
㉰ 약 24개 ㉱ 약 12개

해설 $N = \frac{EAD}{FU} = \frac{100 \times 6 \times 10 \times 1.3}{1500 \times 0.45} = 11.55$개

$\therefore N = 12$개

(등수 계산에서 소수점 이하는 절상해야 한다.)

㉱

1-55 방의 가로가 10 m, 세로가 20 m일 때 조명률은 0.5이라 한다. 방의 평균 수평면 조도를 200 lx로 하기 위해서는 형광등(2등용 40 W)을 몇 등 사용하여야 하는가? (단, 40 W 형광등 한 등 당의 전광속은 3,000 lm, 감광보상률은 1.8로 한다.)

㉮ 18대 ㉯ 24대
㉰ 36대 ㉱ 50대

해설 형광등수 $N = \frac{EAD}{FU} = \frac{200 \times (10 \times 20) \times 1.8}{3000 \times 0.5} = 48$개

2등용이므로 $\frac{48}{2} = 24$대

㉯

1-56 정밀급 작업의 공장에 적당한 조명방식은?

㉮ 전반 조명 ㉯ 국부 조명
㉰ 전반 국부 병용 조명 ㉱ 보조 조명

㉰

1-57 직접 조명기구의 하향 광속 비율(%)은?

㉮ 10~40 ㉯ 40~60
㉰ 60~90 ㉱ 90~100

해설
- 반간접 : 10~40%
- 전반확산 : 40~60%
- 반직접 : 60~90%

㉱

1-58 반직접 조명에서 하향 광속의 배광은 몇 % 인가?

㉮ 0~30 ㉯ 30~60
㉰ 60~90 ㉱ 90~100

답 ㉰

1-59 반간접 조명의 설계에서 등의 높이란?

㉮ 바닥에서 천장 ㉯ 피조면에서 천장
㉰ 피조면에서 등 ㉱ 방바닥에서 등

답 ㉯

1-60 확산되는 빛만을 이용하므로 그림자가 없고 눈부심이 적은 균일성이 높은 조명이다. 조명률이 가장 나쁘고 천장이나 벽의 영향이 가장 많으며, 특별한 목적에만 사용되는 조명은?

㉮ 반직접 조명 ㉯ 전반 확산 조명
㉰ 간접 조명 ㉱ 직접 조명

답 ㉰

1-61 눈부심을 느끼는 한계 휘도(cd/m^2)의 값은?

㉮ 0.5×10^4 ㉯ 5×10^4
㉰ 50×10^4 ㉱ 500×10^4

답 ㉮

1-62 옥내 전반 조명에서 바닥면의 조도를 균일하게 하기 위하여 등 간격은 등 높이의 얼마가 적당한가?(단, 등 간격 S, 등 높이 H이다.)

㉮ $S \leq 0.5H$ ㉯ $S \leq H$
㉰ $S \leq 1.5H$ ㉱ $S \leq 2H$

답 ㉰

1-63 폭 20 m인 도로 중앙에 60 m의 높이로 간격 24 m마다 400 W의 수은 전구를 가설할 때 조명률 0.25, 감광보상률 1.3이라 하면 도로면의 평균 조도(lx)는 얼마인가? (단, 400 W 수은 전구의 전광속은 23000 lm이다.)

㉮ 약 18.4　　㉯ 약 9.2
㉰ 약 4.6　　㉱ 약 46

해설 $E=\dfrac{FUN}{BSD}$에서 중앙배열이므로 $N=1$이다.

$$\therefore\ E=\frac{23000\times0.25\times1}{20\times24\times1.3}$$

$$=9.2\ \text{lx}$$

㉯

1-64 폭 24 m인 가로의 양쪽에 20 m 간격으로 지그재그식으로 등주를 배치하여 가로상의 평균 조도를 5 lx로 하려고 한다. 각 등주상에 몇 lm의 전구가 필요한가? (단, 가로면에서의 광속 이용률은 25 %이다.)

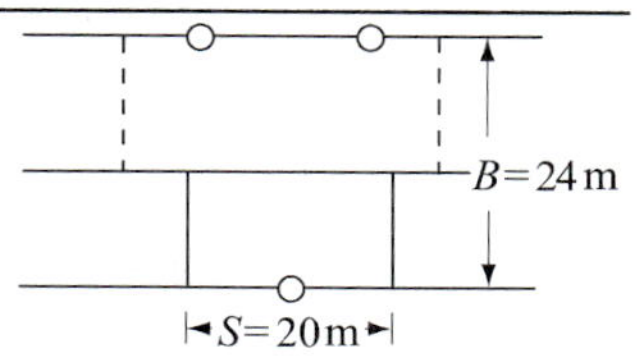

㉮ 3600　　㉯ 4200
㉰ 4800　　㉱ 5400

해설 $F=\dfrac{EBSD}{UN}$에서 지그재그 배열이므로 $N=2$

$$\therefore\ F=\frac{5\times24\times20\times1}{0.25\times2}$$

$$=4800\ \text{lm}$$

㉰

1-65 발광현상에서 온도복사에 관한 법칙이 아닌 것은?

㉮ 스테판-볼츠만의 법칙　　㉯ 빈의 변위 법칙
㉰ 입사각의 코사인 법칙　　㉱ 플랑크의 법칙

㉰

1-66 3300°K에서 흑체의 최대 파장(μ)은?

㉮ 0.517 ㉯ 0.628
㉰ 0.724 ㉱ 0.878

해설 빈의 변위 법칙 $\lambda_m T = 2896\,\mu°K$에서

최대 파장 $\lambda_m = \dfrac{2896}{T} = \dfrac{2896}{3300} = 0.8775\,\mu$

㉱

1-67 절대 온도 T[°K]인 흑체의 방사 발산도는? (단, σ 는 정수이다.)

㉮ σT ㉯ $\sigma T^{1.6}$
㉰ σT^2 ㉱ σT^4

해설 스테판–볼츠만 법칙 : $W = \sigma T^4$ [W/m²]

㉱

1-68 완전 흑체의 온도가 4000°K일 때 단색 방사 발산도가 최대가 되는 파장은 730μm이다. 최대의 단색 방사 발산도가 555μm인 흑체의 온도(°K)는?

㉮ 약 5000 ㉯ 약 5260
㉰ 약 5380 ㉱ 약 5730

해설 빈의 변위 법칙 $\lambda_m T = 2896$이므로 $\lambda_1 T_1 = \lambda_2 T_2$

$$T_2 = \frac{\lambda_1 T_1}{\lambda_2} = \frac{730 \times 4000}{555} = 5261\,°\mathrm{K}$$

㉯

1-69 온도가 2000 °K가 되는 흑체의 전방사 에너지는 1000 °K일 때 값의 몇 배가 되는가?

㉮ 2배 ㉯ 4배
㉰ 8배 ㉱ 16배

해설 $W = \alpha\, T^4$이므로 $2^4 = 16$배

㉱

1-70 방전 개시 전압을 나타내는 법칙은?

㉮ 스토크스의 법칙 ㉯ 페닝의 법칙
㉰ 파셴의 법칙 ㉱ 톰슨의 법칙

해설 파셴의 법칙 : $V \propto$ 압력 × 전극간의 간격

㉰

1-71 다음의 법칙은 어느 법칙에 해당되는지 문장을 잘 읽고 골라라. 평등 전계 하에서 방전 개시 전압은 기체 압력과 전극거리와의 곱의 함수가 된다.

㉮ 스토크스의 법칙　　㉯ 스테판-볼츠만의 법칙
㉰ 파셴의 법칙　　㉱ 패러데이의 법칙

답 ㉰

1-72 다음 등 중에서 방전등이 아닌 것은?

㉮ 나트륨등　　㉯ 크세논등
㉰ 형광등　　㉱ EL등

답 ㉱

1-73 다음 광원 중 루미네슨스에 의한 발광현상을 이용하지 않은 것은?

㉮ 형광등　　㉯ 수은등
㉰ 백열 전구　　㉱ 네온 전구

답 ㉰

1-74 복사 루미네슨스 중 자극을 주는 조사가 계속되는 동안만 발광현상을 일으키는 것은?

㉮ 형광　　㉯ 마찰
㉰ 인광　　㉱ 파이로

해설 인광 : 외부 자극이 제거된 후에도 일정 시간 이상 발광이 지속되는 것

답 ㉮

1-75 필라멘트 재료의 구비조건에 해당되지 않는 것은?

㉮ 융해점이 높을 것　　㉯ 고유저항이 작은 것
㉰ 높은 온도에서 증발이 적을 것　　㉱ 선팽창계수가 작은 것

해설 고유저항이 클 것

답 ㉯

1-76 금속 재료 중 용융점이 제일 높은 것은?

㉮ 백금(Pt)　　㉯ 이리듐(Ir)
㉰ 몰리브덴(Mo)　　㉱ 텅스텐(W)

해설 ㉮ 1700℃, ㉯ 2400℃, ㉰ 2600℃, ㉱ 3400℃

답 ㉱

1-77 고휘도 램프는?

㉮ 전구 ㉯ 탄소아크등
㉰ 고압 수은등 ㉱ 형광등

해설 탄소아크등 용도 : 서치라이트, 영사기, 투광기

㉯

1-78 광원 중 램프 효율이 가장 좋지 않은 것은?

㉮ 백열전구 ㉯ 수은 램프
㉰ 형광 램프 ㉱ 메탈할라이드 램프

해설 백열전구는 고열로 과열된 필라멘트에서 부수적으로 발생된 빛을 이용한 광원(온도 복사). 전력의 대부분을 열로 소비한다.

㉮

1-79 저압 수은등에서 발산되는 스펙트럼에서 최대 에너지의 파장(Å)은?

㉮ 5560 ㉯ 3550
㉰ 4500 ㉱ 2537

㉱

1-80 고압 수은등의 증기압은?

㉮ 100 mmHg ㉯ 1기압
㉰ 10기압 ㉱ 100기압

㉯

1-81 수은 증기압 10^{-2} mmHg 속에서 방전할 경우 발생하는 스펙트럼의 최대 에너지 파장(Å)은?

㉮ 5791 ㉯ 4358 ㉰ 3663 ㉱ 2537

㉱

1-82 수은 증기압이 10기압 이상으로 광색은 일반적으로 녹색이 강하고, 압력과 전력이 높으면 백색에 가까워진다. 휘도가 높은 것이 특징인 등은?

㉮ 초고압 수은등 ㉯ 메탈할라이드등
㉰ 형광 수은등 ㉱ 고압 수은등

㉮

1-83 직류 극성을 판별하는 데 이용되는 것은?

㉮ 형광등 ㉯ 수은등 ㉰ 네온전구 ㉱ 나트륨등

해설 음극에서 발광하므로 직류 극성 판단 기능

답 ㉰

1-84 네온관등의 발광에 이용하는 것은?

㉮ 음극 글로 ㉯ 부 글로
㉰ 양극 광막 ㉱ 양광주

해설 양광주란 빛나는 기둥부분을 말하며, 수은등, 네온관등, 형광등 등이 여기에 속한다.

답 ㉱

1-85 형광등은 주위 온도가 몇 ℃일 때 가장 효율이 높은가?

㉮ 5~10 ㉯ 10~15
㉰ 20~25 ㉱ 35~40

답 ㉰

1-86 주광색 형광등의 색온도(°K)는?

㉮ 3500 ㉯ 4500 ㉰ 6500 ㉱ 7500

답 ㉰

1-87 형광 방전등의 형광물질의 자극 파장(Å)은?

㉮ 2537 ㉯ 2735 ㉰ 3537 ㉱ 3635

답 ㉮

1-88 일반적으로 발광되는 파장은 발광시키기 위하여 가한 원복사의 파장보다 길다는 법칙은?

㉮ 플랑크의 법칙 ㉯ 스테판-볼츠만의 법칙
㉰ 스토크스의 법칙 ㉱ 빈의 변위 법칙

답 ㉰

1-89 형광등에서 아르곤을 봉입하는 이유는?

㉮ 연색성을 개선한다. ㉯ 효율을 개선한다.
㉰ 역률을 개선한다. ㉱ 방전을 용이하게 한다.

답 ㉱

1-90 방전등의 전압 전류 특성은 마이너스(부특성)이므로 이것을 일정 전압의 전원에 연결하면 전류가 급속히 증대되어 방전등을 파괴한다. 이것을 방지하기 위하여 필요한 장치는?

㉮ 점등관 ㉯ 콘덴서
㉰ 안정기 ㉱ 초크 코일

답 ㉰

1-91 FL-20D 형광등의 전압이 100 V, 전류가 0.35 A, 안정기의 손실이 5 W일 때 역률은 몇 %인가?

㉮ 약 57 ㉯ 약 65
㉰ 약 71 ㉱ 약 85

해설 역률 $\cos\theta = \dfrac{\text{소비전력}}{\text{피상전력}} = \dfrac{\text{등의 소비전력} + \text{안정기 손실}}{VI}$

$$= \frac{20+5}{100 \times 0.35} = 0.714$$

답 ㉰

1-92 40 W 백색 형광 방전등의 광속이 2400 lm인 때의 안정기 손실이 8 W이면 효율(lm/W)은?

㉮ 70 ㉯ 60 ㉰ 50 ㉱ 40

해설 $\eta = \dfrac{F}{P} = \dfrac{2400}{40+8} = 50\ \text{lm/W}$

답 ㉰

2 전열공학

1장 전열의 기초
2장 전열 계산
3장 전열 재료
4장 전기로
5장 전기 용접
6장 전기 건조

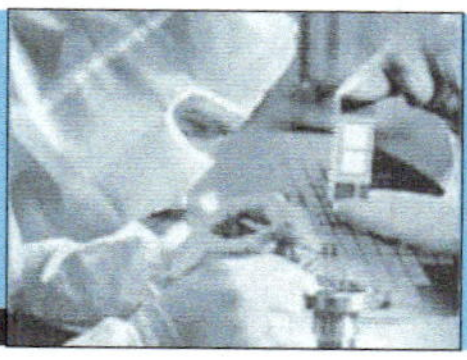

제 1 장 전열의 기초

1.1 전기 가열의 특징

전기 가열은 전기 에너지를 열에너지로 변환하여 물체를 가열하는 것으로서 그 응용 범위가 매우 넓고 새로운 응용 분야가 개발되고 있다. 전기 가열의 특징은 다음과 같다.

① 매우 높은 온도를 얻을 수 있다.
② 내부 가열을 할 수 있다.
③ 노기제어가 용이하다.
④ 온도 및 가열시간의 제어가 용이하다.
⑤ 열효율이 높다.
⑥ 조작이 용이하고 작업환경이 좋다.
⑦ 국부 가열과 급속 가열이 가능하다.

1.2 전기 가열의 방식

일반적으로 사용되고 있는 전기 가열의 방식을 분류하면, 저항 가열, 아크 가열, 유도 가열, 유전 가열, 복사 가열의 5가지 또는 그 조합방식이 있다. 이외에도 전자빔, 레이저 가열 등이 있다.

(1) 저항 가열

저항 가열(Resistance Heating)은 전류에 의한 **옴**(ohm)**손**을 이용하여 가열하는 것으로 직접식과 간접식이 있다. 직접식은 도전성의 피열물에 직접 전류를 통하여 가열하는 방식이고, 간접식은 저항체(발열체)로부터의 열을 복사, 전도, 대류에 의해서 피열물에 전달하여 가열하는 방식이다.

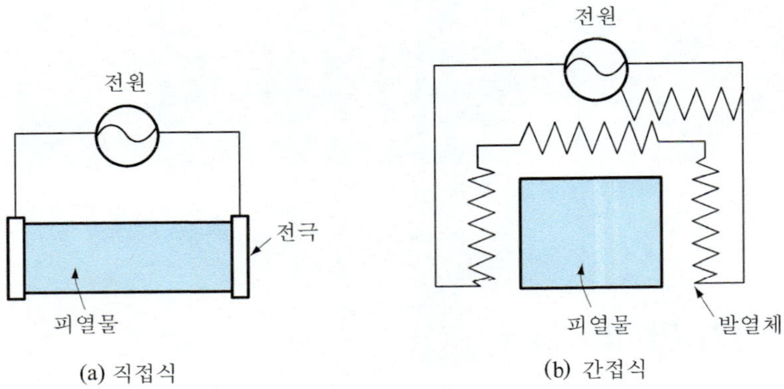

[그림 2.1] 저항 가열

(2) 아크 가열

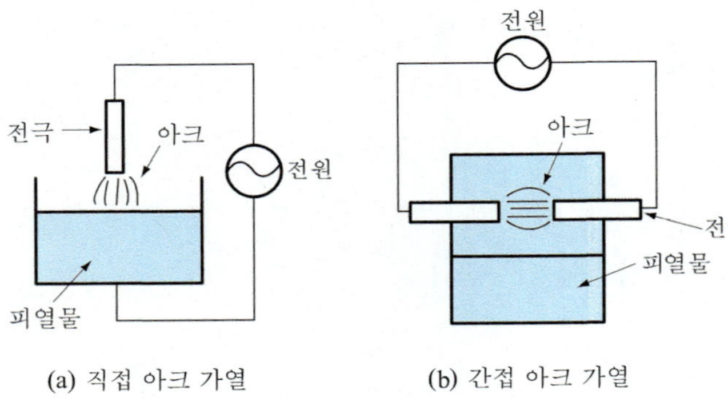

[그림 2.2] 아크 가열

아크열을 가열에 이용하는 것으로 직접식과 간접식이 있다. 직접식은 피열물 자체를 전극으로 하거나 아크의 매질로 삼아 가열하는 방식이다. 간접식은 아크열을 복사, 전도 또는 대류에 의해서 피열물에 전달하여 가열하는 방식이다.

(3) 유도 가열

교류 자계 중에 있어서 전도성 물체 중에 생기는 **와전류손** 또는 **히스테리시스손**을 이용하여 가열하는 것으로서 직접 피열물 중에 생기는 와전류손에 의해서 가열되는 직접식 유도 가열과 절연성 피열물을 도전성의 용기에 넣고 용기에 생긴 와전류손으로 가열하는 간접식이 있다.

또, 가열전원의 주파수에 따라 저주파 유도 가열 및 고주파 유도 가열로 나눌 수 있다.

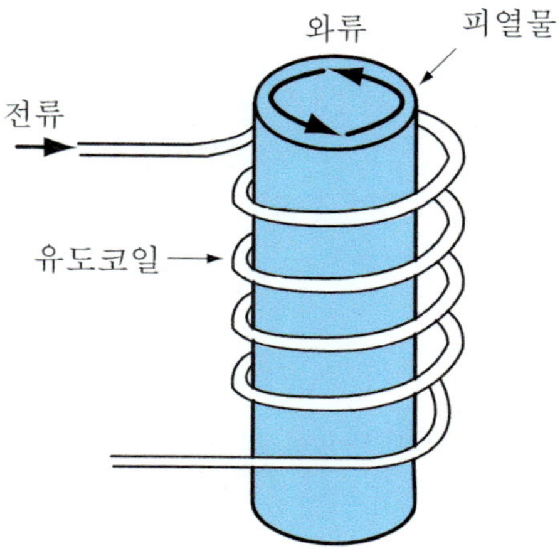

[그림 2.3] 유도 가열

(4) 유전 가열

전기적 절연물을 직접 가열하는 데 사용된다. 즉, 고주파 전계 중에 절연성 피열물을 놓고, 여기에 생기는 **유전체손**을 이용하여 가열하는 방식이다. 유전 가열에서는 방전을 일으키지 않는 범위 내의 고전계가 사용되며, 가열 주파수는 수 MHz 이상의 주파수가 사용된다.

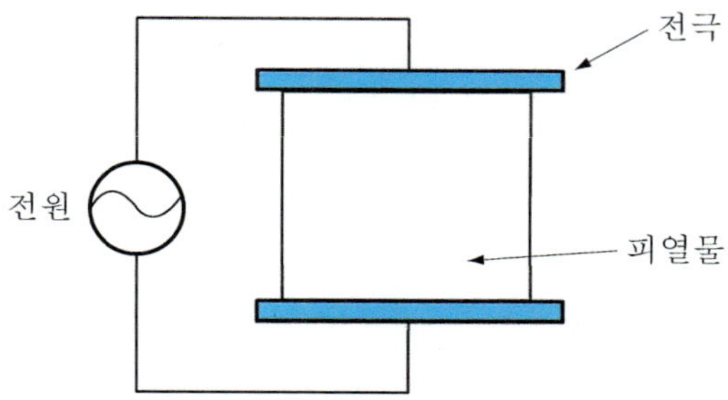

[그림 2.4] 유전 가열

(5) 복사 가열

적외선 가열이라고도 하며, 적외선전구 또는 비금속 발열체 등에서 복사된 적외선을 피열물의 표면에 조사하는 가열방식이다.

(6) 전자빔 가열

진공 중에서 직류 고전압에 의하여 가속된 전자빔을 피열물에 조사하는 가열방식이다. 고융점 물질의 용접, 절단, 열처리, 증착 등에 주로 이용된다. 이 전자빔의 발생은 열음극을 전자 공급원으로 하는 열음극 전자빔과 기체의 전리로 발생하는 플라스마를 하전입자 공급원으로 하는 플라스마 전자빔으로 나눌 수 있다.

(7) 레이저 가열

레이저는 여러 파장을 가진 빛을 어떤 활성물질(루비, 헬륨, 탄산가스 등)에 쏘이면 그 물질에서 단일파장의 빛이 발생함으로써 얻어지는데, 이 레이저를 렌즈에 의해 아주 작은 면적에 조사하여 가열하는 방식이다. 금속의 절삭, 용접 및 표면처리, 의료 수술 등에 이용된다.

연습 문제

1. 전기 가열의 특징에 대해 설명하여라.

2. 저항 가열에 대해 설명하여라.

3. 아크 가열에 대해 설명하여라.

4. 유도 가열에 대해 설명하여라.

5. 유전 가열에 대해 설명하여라.

6. 복사 가열에 대해 설명하여라.

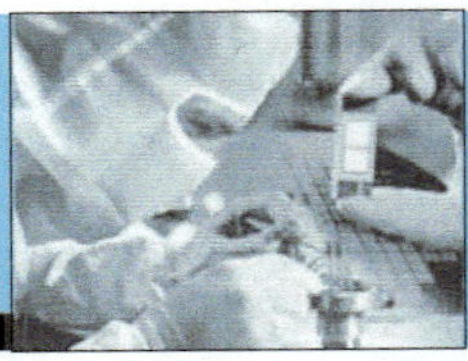

제 2 장 전열 계산

2.1 열량의 단위

열량의 단위 중에서 보통 공업적으로 사용되는 것은 킬로칼로리(kcal)이다. 이것은 정 1 kg의 물을 1℃ 올리는 데 필요한 열량을 말한다. 이에 대해서 M.K.S 단위계에서는 열량의 단위에 줄(J)을 사용한다. 이것은 1Ω의 저항에 1 A의 전류를 1초 동안 통했을 때의 발생한 열량이다. 따라서 전력으로 환산하면 1 W·s가 된다. 전력의 단위로는 보통 kWh가 사용되고 다음과 같은 관계가 있다.

1 cal = 4.2 J

1 J = 0.24 cal

1 kWh = 860 kcal

1 B·T·U = 0.252 kcal

2.2 전기와 열의 유사성

(1) 열의 옴의 법칙

열류는 양쪽의 온도차가 크고 단면적이 클수록 많이 흐르며, 길이가 길수록 적게 흐른다. 또 재질에 따라서도 다르다. 이것을 식으로 나타내면 다음과 같다.

$$I = \frac{KA\theta}{l}\ [\mathrm{W}] \qquad (2.1)$$

여기서, I : 열류 (W), K : 열전도율 (W/m℃)

A : 단면적 (m^2), l : 길이 (m)

θ : 온도차 (℃)

도전율의 역수가 저항률인 것처럼 열전도율의 역수를 열 저항률(m℃/W)이라 하고, 이것을 ρ로 나타내면 식 (2.1)은 다음과 같이 된다.

$$\theta = I\left(\rho \frac{l}{A}\right) = RI\,[℃] \tag{2.2}$$

여기서, R은 전기의 저항에 해당하는 것으로서 이것을 열 저항(Thermal Resistance)이라 하며, 단위는 [℃/W]로 나타낸다. 즉, 열류와 열 저항의 곱이 온도차가 된다. 이것이 정상상태에 있어서의 열의 흐름을 나타내는 식으로 **열의 옴의 법칙**이라 한다.

[표 2.1] 전기와 열의 비교

전기	열
전압(V)	온도차(℃)
전기량(C)	열량(J)
전류(A)	열류(W)
저항(Ω)	열 저항(℃/W)
저항률($\Omega \cdot$m)	열 저항률(m·℃/W)
도전율($\Omega^{-1} \cdot \mathrm{m}^{-1}$)	열전도율(W/m·℃)
표면도전율($\Omega^{-1} \cdot \mathrm{m}^{-2}$)	표면열전도율(W/m^2·℃)
정전용량(F)	열용량(J/℃)

[표 2.2] 여러 가지 물질의 열전도율 K[W/m·℃]

물 질	K	물 질	K
은	417	얼 음	2.2
알루미늄	229	유 리	1.09
아 연	113	물	0.553
니켈(99.9 %)	93	에틸알코올	0.184
순 철	73	수 소	0.176
강철(C 1 %)	45	벤 젠	0.166
강철(Ni 12 %)	28	공 기	0.024
수 정	14	벤젠증기	0.0089
대리석	2.8	클로로포름증기	0.0066

예제 1

지름 20 cm, 길이가 1 m인 탄소 전극의 열 저항 값(열Ω)은? (단, 전극의 고유저항은 3.14 (열Ω)이다.)

풀이 $R = \rho\frac{l}{A} = \rho\frac{l}{\pi r^2} = 3.14 \times \frac{100}{\pi \times \left(\frac{20}{2}\right)^2} = 1\ [\text{열}\Omega]$

예제 2

원형의 단면적 0.25 m^2, 길이 5 m인 도체의 한끝의 온도는 400℃이고, 다른 끝의 온도는 100℃이다. 이 도체에서 6 W인 열의 흐름이 있었다면 이 도체의 전도율(W/m·℃)은 얼마인가?

풀이 $I = \frac{\theta}{l/kA}$ [W]

$$\therefore\ k = \frac{Il}{A\theta} = \frac{6 \times 5}{0.25 \times (400 - 100)} = 0.4\ \text{W/m·℃}$$

2.3 표면의 열류

복사, 대류에 의하여 물체 표면에서 가열될 때 또는 표면에서 열을 받을 때 표면의 단위 면적당의 열류, 즉 열류밀도는 표면의 상태와 표면과 주위의 온도차에 의해서 결정된다. 복사의 경우에는 표면의 복사율 및 표면과 주위의 각 절대온도의 4승의 차에 의해서 결정되고, 대류의 경우에는 표면의 상태와 표면과 주위의 온도차에 의해서 결정된다.

그러나 어느 경우나 온도차가 작은 동안에는 표면과 주위와의 온도차에 비례하는 것으로 생각하여 표면의 열류는 다음 식과 같이 나타낸다.

$$I = h \cdot S \cdot \theta\ [\text{W}] \tag{2.3}$$

여기서, I : 열류 (W), S : 표면적 (m^2)
θ : 온도차 (℃), h : 비례상수

비례상수 h를 **열전달계수** 또는 **열전달률**이라 하며 W/m^2 · ℃로 나타낸다. 또, 열전달계수의 역수를 **표면 열 저항률**이라고 한다.

2.4 열량과 가열전력

(1) 총열량

발열체를 설계하자면 먼저 가열전력을 결정하여야 한다. 물체를 가열할 경우 총열량은 공급열량이 유효하게 피열물에 흡수되는 열량(유효열량)과 가열체(열원 및 보온재료)에 축적되는 축 열량과 외부에 방산되는 손실열량의 합과 같다.

$$\text{총열량 : } Q = Q_e + Q_s + Q_l \tag{2.4}$$

$$\text{유효열량 : } Q_e = m\,[c\,(\theta_2 - \theta_1) + q]\,[\text{kcal}] \tag{2.5}$$

여기서, m : 피열물 중량 (kg) Q_s : 축 열량
c : 비열 (kcal/kg℃) Q_l : 열손실
$\theta_2 - \theta_1$: 가열 전후의 온도차 (℃)
q : 융해열 또는 증발열 (kcal/kg)

(2) 열효율

열효율은 유효열량과 축 열량과의 합에 대한 공급 총열량의 비이다.

$$\eta = \frac{Q_e + Q_s}{Q} \tag{2.6}$$

$$= 1 - \frac{Q_l}{Q}$$

(3) 가열전력

$$P = \frac{Q}{860 t \eta} \tag{2.7}$$

$$= \frac{m\,[c\,(\theta_2 - \theta_1) + q]}{860 t \eta}\,[\text{kW}]$$

여기서, t : 가열시간 (h)

2.5 전열선의 설계

발열체의 지름을 d [cm], 길이를 l [cm], 고유저항을 $\rho[\Omega \cdot \text{cm}]$, 공급전압을 V라 하면,

$$\text{저항} : R = \rho \frac{l}{\pi\left(\frac{d}{2}\right)^2} [\Omega]$$

$$= \frac{4\rho l}{\pi d^2} [\Omega] \tag{2.8}$$

$$\text{전력} : P = \frac{V^2}{R} = \frac{\pi d^2 V^2}{4\rho l} [\text{W}] \tag{2.9}$$

예제 3 10℃, 100 l의 물을 1시간 동안에 60℃로 온도를 올리는 목욕탕을 만들고자 한다. 전열기의 용량과 소요 전력량을 구하여라. (단, 전열기의 효율은 80%라 한다.)

풀이 P[kW]의 전열기를 1시간 사용할 때 발생하는 열량 Q_1은

$$Q_1 = Pt\eta \times 860 = P \times 1 \times 0.8 \times 860 = 688\,P\,kcal$$

100 l의 물을 10℃에서 60℃로 올리는 데 필요한 열량 Q_2는

$$Q_2 = 100 \times 1(60-10) = 5000\,\text{kcal}$$

$Q_1 = Q_2$ 식에서

$$688P = 5000$$

$$\therefore\ P = \frac{5000}{688}$$

$$\fallingdotseq 7.3\,\text{kW}$$

소요 전력량 H는

$$\therefore\ H = Pt = 7.3 \times 1 = 7.3\,\text{kWh}$$

예제 4

1000 W용 전열선의 길이를 8% 짧게 하면 전력 소비는 몇 W인가?

풀이 최초의 전력을 P, 전열선의 길이를 l, 8% 적을 때의 전력을 P', 전열선의 길이를 l'라 하면

$$\frac{P'}{P} = \frac{l}{l'}$$

$$\therefore \ P' = \frac{l}{l'}P$$

$$P' = \frac{l}{0.92\,l}P$$

$$\fallingdotseq 1.09P = 1.09 \times 1000\,\mathrm{W}$$

$$= 1090\,\mathrm{W}$$

연습 문제

1. 전기 가열의 종류와 원리에 대해 설명하여라.

2. 면적이 0.6 m^2, 길이 8 m, 열전도율이 5 kcal/m·h·℃인 원형 봉상 도체의 양단 온도차가 200℃일 때 이 도체에 전도되는 열류(kcal/h)는?

3. 20℃, 100l의 물을 30분 동안에 80℃로 올리는 목욕탕을 만들고자 한다. 전열기의 용량과 소요 전력량을 구하여라.(단, 전열기의 효율은 80%로 한다.)

4. 20℃의 물 8l을 용기에 넣어 1 kW의 전열기를 이용하여 물의 온도를 70℃까지 올리는 데 30분이 걸렸다. 이 전열장치의 효율은 얼마인가?

5. 유도로에 의하여 500 kg의 주강을 통전 후 30분 동안 용해하는 데 필요한 전력은 몇 kW가 되는가? (단, 주강의 용해 전의 온도는 20℃, 용해 잠열은 75 kcal, 비열은 0.16 kcal / ℃·kg, 융점 1535℃, 유도로의 효율은 75%로 한다.)

6. 전열기에서 전열선의 지름이 15% 감소하면 발열량은 몇 % 증감하는가?

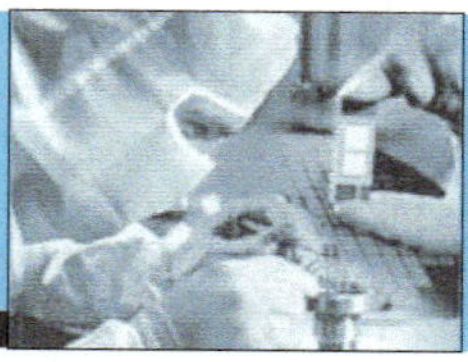

제 3 장 전열 재료

3.1 발열체의 종류

(1) 금속 발열체

① 합금 발열체

니켈-크롬계 합금(니크롬선)과 철-크롬계 합금(철크롬선) 발열체가 대표적이며, 그 성능과 용도를 나타내면 표 2.3과 2.4와 같다.

[표 2.3] 니크롬선과 철크롬선의 성분

품종	Ni	Cr	Al	Mn	C	Fe	기 타
니크롬 제1종	77~81	17~21		2.0 이하	0.15 이하	1.5 이하	2.0 이하
니크롬 제2종	63~67	15~18		2.5 〃	0.20 〃	나머지	〃
철크롬 제1종		23~25	4~6	1.0 〃	0.10 〃	〃	3.0 이하
철크롬 제2종		18~20	2~4	1.0 〃	0.10 〃	〃	〃

[표 2.4] 니크롬선 및 철크롬선의 특성

종류	고유저항 ($\mu\Omega \cdot$ cm) 저항온도계수	최고사용온도 (℃) 및 기호	특성 및 용도
니크롬 1종	104±5 0.00015 이하	1100 NCH1	· 고온에서 강하고 냉간가공이 쉽다. · 고온가열 후에 강도가 변하지 않는다. · 내가스성이 강하다.
니크롬 2종	110±6 0.00020 이하	900 NCH2	· 니크롬 1종에 비해 내산화성과 고온 강도가 약하다. · 가공이 용이하다.
철크롬 1종	140±7 0.00010 이하	1200 FCH1	· 내산화성이 우수하다. · 니크롬선에 비해서 고온에서 연화되기 쉽다. · 니크롬선에 비해 가격이 저렴하다.
철크롬 2종	120±5 0.00025 이하	1100 FCH2	· 철크롬 1종보다 냉간가공이 용이하다. · 고온에서 연화되기 쉽다.

② 순금속 발열체

일반적으로 용융온도가 높은 백금(Pt), 몰리브덴(Mo), 텅스텐(W), 탄탈(Ta) 등이 사용된다. 각각의 특성을 표 2.5에 나타내었다.

[표 2.5] 순금속 발열체

종 류	백 금	몰리브덴	텅스텐	탄 탈
용융온도(℃)	1769	2610	3380	2996
저항률($\mu\Omega$ · cm)	10.6(20℃)	5.2(0℃)	5.5(20℃)	12.5(20℃)

(2) 비금속 발열체

① 탄화규소(SiC) 발열체

탄화규소(SiC)를 주성분으로 한 발열체로 **카보런덤**(carborundum)이라 한다. 1,400~1,600℃ 정도의 고온에 견디고, 전열선에 비해 소형으로 만들 수 있는 장점이 있으나 기계적 강도가 약한 단점이 있다.

② 탄소 발열체

입상상태의 탄소의 접촉저항을 이용하는 발열체, 즉 크리프톨이 있으며, 약 2,000℃ 이하에 사용된다. 이외에 인조흑연의 입자를 사용한 전극이 있으며, 주로 제강, 제선용 전기로에 사용된다.

③ 규화몰리브덴(MoSiO2) 발열체

규화몰리브덴을 주성분으로 한 발열체로서 1700℃ 정도의 허용온도를 가지며 **칸탈선**(kanthal wire)이라 한다. 제조는 몰리브덴(Mo)과 규소(Si) 분말을 불활성가스 중에서 소결하여 만든다. 내식성이 우수한 반면, 충격에 약하고 고온에서 연화되기 쉽다.

(3) 염욕 발열체

염류는 비교적 낮은 온도에서 용해되고, 높은 전도율을 가지고 있으므로 액체 발열체로서 이용할 수 있다. 이 가열법은 금속의 열처리나 균일한 가열이 필요한 경우에 사용된다. 저항온도계수가 부특성이므로 전류를 통하기 전에 미리 염류를 용해하고, 또 직렬로 리액터를 연결하여 사용한다. 발열체로는 $NaNO_3$, KNO_3, $CaCl_2$, $NaCl$, KCl, KF, Na_2CO_3 등이 있다.

3.2 절연물과 내화물

(1) 절연물

가열효율을 좋게 하기 위해서는 가능한 한 열을 잘 절연해야 한다. 열의 절연에 사용하는 재료를 열절연재, 단열재 또는 보온재라 한다. 표 2.6은 고체 열 절연물의 열전도율 및 단위 체적당의 열용량(체적비열)을 나타낸 것이다. 기체는 고체보다 열전도율이 작으나 대류에 의한 열의 전도가 있으며 오히려 열의 전도가 커진다. 물론 대류를 막으면 기체가 더 좋은 절연물이 될 수 있다.

[표 2.6] 열전도율 및 체적비열

재료	열전도율 (W/m℃)			체적비열 (J/℃·m^3×10^6)		
	30℃	400℃	850℃	30℃	400℃	850℃
석면	0.869	0.751	0.443	0.85	1.00	1.30
보온 벽돌	0.274	0.325	0.430	0.95	1.08	1.34
규석 벽돌	1.60	1.54	1.90	1.70	1.41	1.65
마그네시아 벽돌	9.97	4.21	4.01	2.91	2.55	2.92
크롬 벽돌	1.64	2.22	2.16	2.03	2.67	2.94
붉은 벽돌	1.06	1.10	1.40	1.70	1.80	2.06
콘크리트	2.57	1.84	1.80	2.61	2.48	2.56
코크스	0.971	1.70	2.52	1.02	1.55	2.02

(2) 내화물

가열장치에는 열원과 열절연물 외에 열원의 지지, 피열물의 지지, 용기, 노체의 구축에 내화물이 필요하게 된다.

이와 같은 곳에 사용되는 내화물에는 다음과 같은 구비조건이 필요하다.

① 사용온도와 열간 하중에 견딜 수 있을 것
② 내식성이 풍부할 것
③ 급열과 급랭에 견딜 수 있을 것
④ 비교적 손쉽게 구할 수 있고, 값이 쌀 것

내화물이 사용온도에 충분히 견딜 수 있으려면 용해 연화온도가 높아야 하고, 또 내화 벽돌과 피열물 간에 화학작용이 생기지 않도록 주의를 하여야 한다. 즉, 피열물이 염기성 물질인 경우에는 규석 벽돌과 같은 내산성 벽돌을 쓰지 않고 마그네시아 벽돌과 같은 염기성 벽돌을 사용하여야 한다.

표 2.7은 벽돌의 내화온도와 연화온도를 나타낸 것이다.

[표 2.7] 내화온도 및 2kg/cm^2 하중에서의 연화온도

재료	내화온도(℃)	연화온도(℃)
규석 벽돌	1690～1750	1500～1650
콜하트 벽돌	1800～1900	1500～1700
마그네시아 벽돌	1850～1920	1450～1500
크롬 벽돌	1770～1850	1400～1500

연습 문제

1. 니크롬 1종, 2종에 대해 설명하여라.

2. 철크롬 1종, 2종에 대해 설명하여라.

3. 비금속 발열체에 대해 설명하여라.

4. 염욕 발열체에 대해 설명하여라.

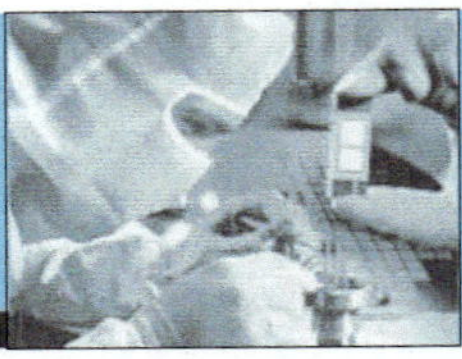

제 4 장 전기로

4.1 전기로의 분류

전력을 공급하여 물체를 가열하는 노(Furnace)를 **전기로**라 한다. 전기로를 가열방식에 따라 나누면 저항 가열에 의한 저항로, 아크 가열에 의한 아크로, 유도 가열에 의한 유도로 등이 있다. 각종 전기로의 종류, 온도, 특성을 표 2.8에 나타내었다.

[표 2.8] 전기로의 분류

전기로	종 별	온도(℃)	비고
직접식저항로	흑연화로	2,500	단상 2,000~4,000 kVA, 역률 65~85 % 전압 100~200 V
	카버런덤로	2,000	단상 1,500~2,000 kVA, 역률 90~95 % 전압 130~290 V
	카바이드로	2,200	3상 3,000~20,000 kVA, 역률 75~90 % 전압 100~200 V
	합금철로	1,500~2,000	3상 1,000~7,000 kVA, 역률 80~90 % 전압 80~90 V
	제철로	1,600	3상 600~5,000 kVA, 역률 80~90 % 전압 40~90 V
	알루미늄 전해로	1,000	직류 전기분해 병용
	특수내화물 제조로	2,000 이상	3상 300~600 kVA, 역률 80~90 % 전압 40~90 V
	인비제조로	1,500 이상	3상 600~12,000 kVA, 역률 75~90 % 전압 80~250 V

간접식저항로	니크롬선 발열체로	1,100 이하	
	철크롬선 발열체로	1,100 이하	
	탄화규소 발열체로	1,400 이하	1,000~1,400℃ 범위의 가열
	크리프톨로	2,000 이하	실험실용 고온로
	흑연 저항로	2,500 이하	잘 녹지 않는 금속의 용해용
	진공 전기로	3,000 이하	실험실 특수 고온용(산화방지)
	염욕로	1,400 이하	금속의 열처리용 균열, 급랭의 특징
	유조로	200 이하	〃
	수소로	1,500 이하	열처리 및 소결 합금의 제조
아크로	제강로	1,600 이하	3상 600~1,500 kVA, 역률 85~95 % 전압 80~250 V
	요동식 아크로	3,000 이상	간접 아크가열, 구리 알루미늄 합금의 용해용 단상 100~460 kVA, 80~140 V
유도로	저주파 유도로	1,600 이하	구리 합금, 아연, 경합금, 주철 용해용
	고주파 유도로	1,800 이하	특수강 합금의 제조 및 용해, 귀금속 용해, 진공 용해

4.2 저항로

전류에 의한 옴(ohm)손을 이용하여 가열하는 것으로 직접식과 간접식이 있다. 직접식은 도전성의 피열물에 직접 전류를 통하여 가열하는 방식이고, 간접식은 저항 발열체로부터의 열을 복사, 전도, 대류에 의해서 피열물에 전달하여 가열하는 방식이다.

(1) 직접식 저항로

① 흑연화로 (Graphitizing Furnace)

전기제강용 전극을 소성하는 전기로로서 그림 2.5와 같이 내화 벽돌로 된 노의 내부에 흑연화하고자 하는 소성전극(비 흑연질의 탄소)을 쌓고, 그 사이 사이에는 코크스 분말을 채우며, 상부는 탄소립과 모래의 혼합물로 덮는다. 그리고 이 양단의 전극에서 단상교류를 통하면 전류는 노 내의 탄소 전극과 탄소립 속을 통하여 저항 발열에 의해서 2,500℃ 정도로 가열된다. 이렇게 함으로써 무정형 탄소전극이 흑연화되므로 **흑연화로**라 한다. 흑연화로는 탄소와 같은

비교적 저저항체에 전류를 통하기 때문에, 대 전류가 필요하고

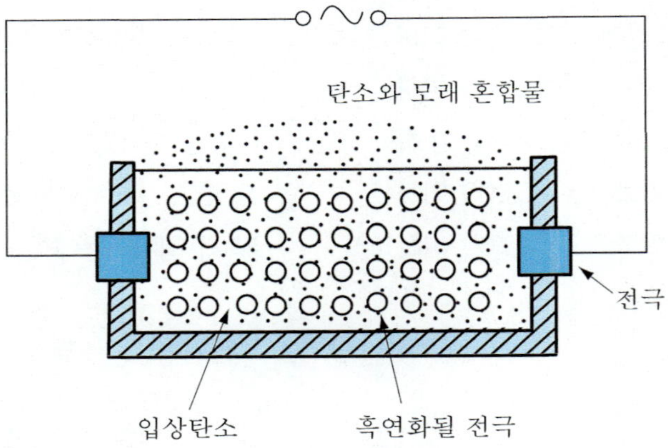

[그림 2.5] 흑연화로

그 역률은 보통 70 % 정도이다. 노의 용량은 1,000~6,000 kVA, 100 V 이하이고, 한 번의 조업에는 60~70시간이 소요되며 전력량은 20,000~30,000 kWh/t 이다.

② 카보런덤로 (Carborundum)

카보런덤로는 모래와 코크스의 혼합물을 2,000℃ 이상으로 가열하여 탄화규소(SiC), 즉 카보런덤을 만든다.

$$SiO_2 + 3C = SiC + 2CO$$

노의 구조는 그림 2.6과 같이 노의 중앙에 탄소립의 저항심을 넣어 이를 주 발열체로 하여 처음에는 저항심의 탄소에 전류가 흐르도록 하고, 온도상승 후에는 원료에 전류가 흐르도록 하여 반응이 진행된다. 노의 크기는 3,000~4,000 kW, 20,000~30,000 A 정도의 것이다. 한 번의 조업시간은 30~40시간이고, 전력원 단위는 8,000~15,000 kWh/t 이다.

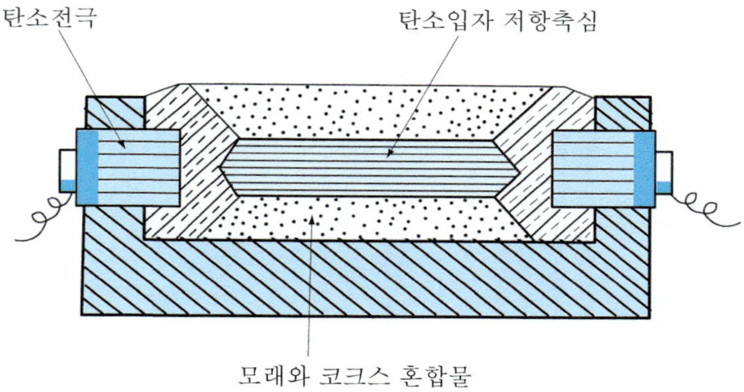

[그림 2.6] 카보런덤로

③ 지로식 전기로(Zirod Type Furnace)

지로식 전기로는 그림 2.7과 같이 노 바닥에 하나의 극이 있는 단상식 직접 저항 가열로이다. 장입물 S는 용해 정련되어 M에 고이고, 적당한 시간에 출구 T로 빼낼 수 있게 되어 있다. 이는 선철, 페로알로이(ferroalloy), 카바이드 등의 제조에 사용된다.

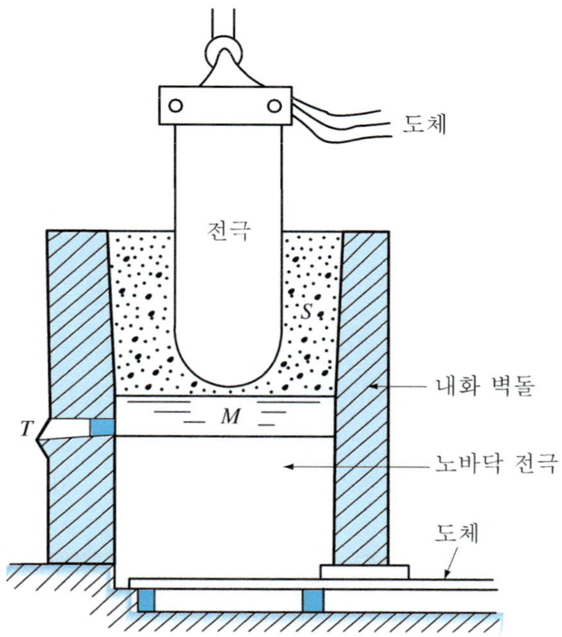

[그림 2.7] 지로식 전기로

④ 카바이드로 (Carbide Furnace)

카바이드는 생석회(CaO)와 석탄(C)을 혼합하여 2,200℃로 가열시켜 다음과 같은 반응으로 제조한다.

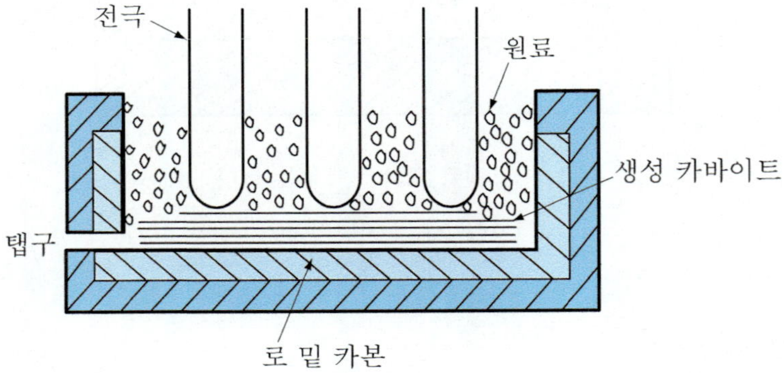

[그림 2.8] 카바이드로

$$CaO + 3C = CaC_2 + CO$$

이 반응은 고온 흡열반응으로서, 그림 2.8과 같이 석탄과 생석회를 혼합한 원료 층에 전극을 삽입하고, 저항식으로 가열한다. 생성된 카바이드는 노 바닥에 고이므로 일정 시간마다 출구로 빼내면 된다. CO 가스는 노의 상부에서 공기 중의 산소와 화합해서 연소한다.

(2) 간접식 저항로

① 발열체로

그림 2.9와 같이 발열체에 전류를 통하여 발생된 열을 복사, 대류 또는 전도에 의해서 피열물에 전달하여 가열하는 것을 말한다. 따라서 노의 온도는 발열체의 최고 허용온도에 의해서 정해지고, 금속 또는 비금속 발열체를 주로 사용한다. 금속 발열체의 경우 가열온도가 1,000℃ 이하일 경우에는 니크롬선 또는 철크롬선 등이 많이 쓰이고 1,000~1,500℃일 때는 백금이 주로 쓰인다. 비금속 발열체의 경우 금속 발열체의 경우보다 허용온도가 높으며 1,300~1,700℃에서 탄화규소 발열체를 사용하는 저항로가 주로 사용된다.

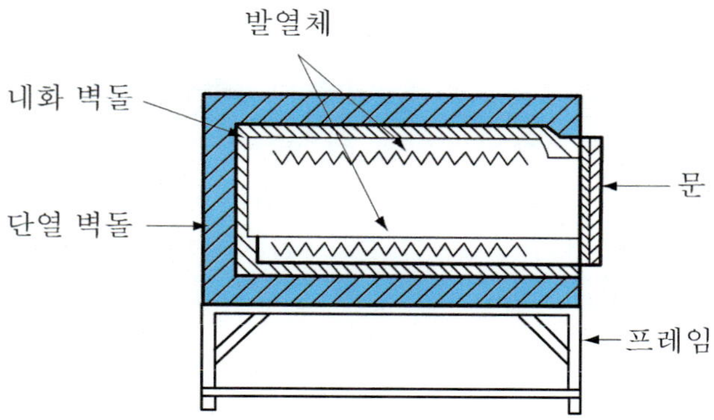

[그림 2.9] 발열체로

② 크리프톨로 (Criptol Furnace)

탄소와 점토를 혼합한 입자, 즉 크리프톨(Criptol)을 발열체로 사용하는 노이다. 그림 2.10과 같이 크리프톨 중에 묻혀 있는 도가니 속의 시료를 가열 용해하는 것으로 1,000~2,000℃ 범위의 온도를 쉽게 얻을 수 있다. 크리프톨의 노 발열의 대부분은 크리프톨 입자 사이의 접촉저항에 의한 것이지만 전압이 높아지면 불꽃이 발생하고, 또 노 내의 온도에 의해서 저항이 심하게 변화하므로 전원 전압은 광범위하고 세밀하게 조정할 필요가 있다. 일반적으로 15~30 V, 1000 A 정도의 탭 변압기가 사용된다.

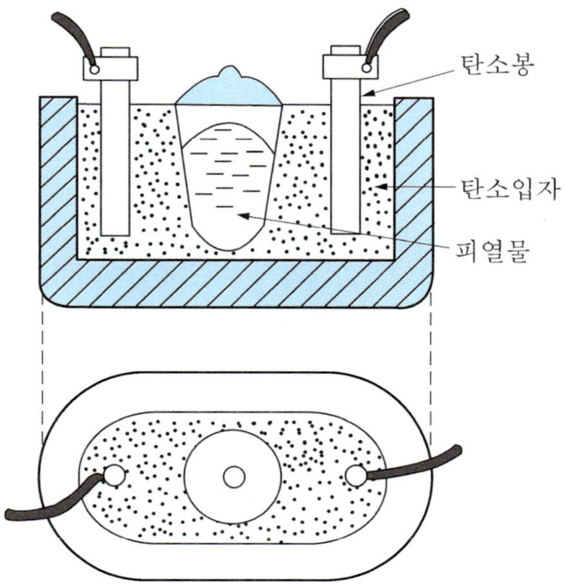

[그림 2.10] 크리프톨로

③ 염욕로 (Salt Bath Furnace)

염욕로는 그림 2.11과 같이 NaCl, KCl, $BaCl_2$ 등의 용융염을 발열체로 하고, 피열물을 용융염 속에 잠기게 하여 가열하는 방식의 노이다. 염욕로는 강이나 경금속의 담금질(Quenching), 뜨임(Tempering) 등에 주로 사용되며, 노 내에 넣은 염류는 피열물의 재질을 손상시키지 않고 노벽을 침식해서도 안 된다. 이 노의 장점은 불균일한 형태의 균등 가열이 가능하고 열효율이 높고, 노 내 온도가 균일하며 가열시간이 짧은 것 등이다.

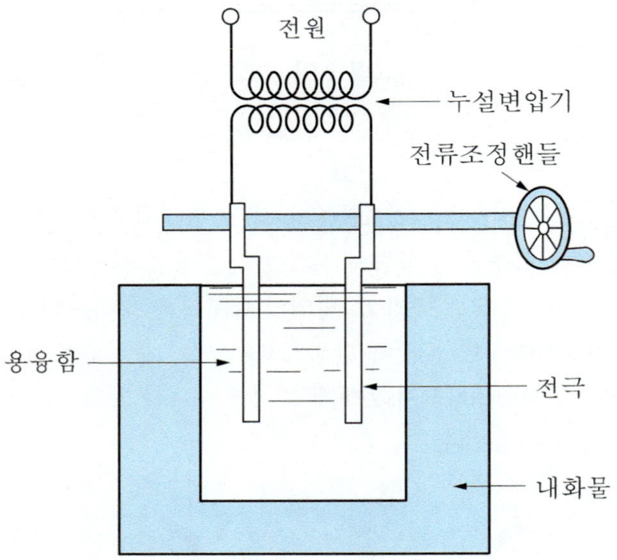

[그림 2.11] 염욕로

4.3 아크로

아크로는 전극에 전기아크를 발생시켜 그 열로 물체를 가열하는 방식으로, 가열방식에 따라 직접식과 간접식이 있다. 직접식은 발생한 아크가 직접 피열물에 전달되는 방식이며, 간접식은 2개의 전극 사이에서 발생한 아크의 복사열을 이용하여 피열물을 가열하는 방식이다.

(1) 에루로 (Heroult Furnace)

에루로는 그림 2.12와 같이 일반적으로 3상 변압기의 2차 단자와 노체에 삽입된 3개의 전극을 접속하고, 3상 교류를 공급하여 전극으로부터 피열물을 향해서 아크를 발생하도록 하는 것으로 주로 특수강, 주강, 고급주철의 용제에 사용하며, 최근에는 대용량의 노가 제작되어 강이나 특수강의 제작에도 이용된다.

전극으로는 인조흑연 또는 천연흑연이 사용된다. 원료의 장입 방법에는 노체의 측벽의 장입실에서 원료를 투입하는 사이드 차지(Side Charge) 방식과 전극과 함께 노 덮개를 열고 위에서 장입하는 톱 차지(Top Charge) 방식 등이 있다.

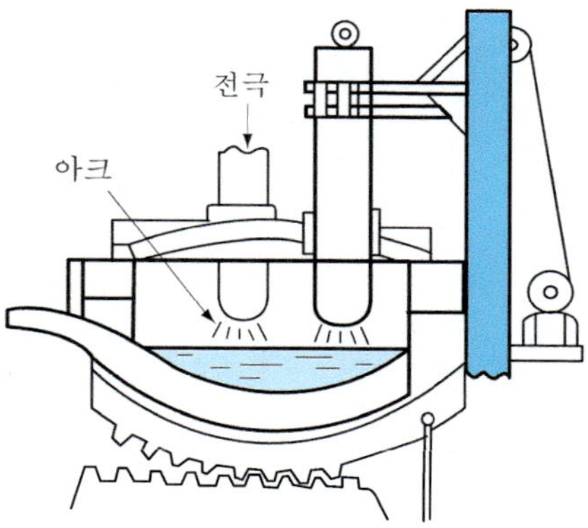

[그림 2.12] 에루로

(2) 요동식 아크로 (Rocking Arc Furnace)

요동식 아크로는 그림 2.13과 같이 원통형로의 양 측면에서 수평으로 전극이 삽입되어 있고, 노체는 수평축을 중심으로 요동할 수 있게 되어 있다. 따라서 용해물의 교반, 주출이 편리하고 황동, 백동, 청동, 알루미늄 및 알루미늄 합금의 용해에 사용된다.

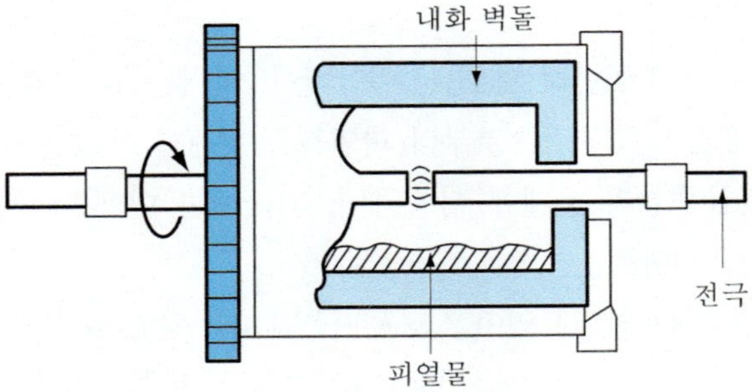

[그림 2.13] 요동식 아크로

(3) 고압 아크로

고압 아크로는 공기 중의 질소를 고정하여 질산을 제조하기 위해서 고안된 것이다. 산소와 질소를 매우 높은 온도로 가열하면 다음과 같은 반응에 의해서 NO가 생성된다.

$$N_2 + O_2 = 2NO - 43,000\text{cal}$$

이 NO는 산화되어 NO_2가 되므로 물에 흡수되면 질산이 된다. 따라서 공기와의 접촉을 왕성하게 하기 위하여 아크전압을 고전압으로 하여 아크를 늘어나게 하여 조업하도록 되어 있다. 고압 아크로에는 **쇤헤르로**(Schönherr Furnace), **파울링로**(Pauling Furnace), **비르게란드-아이데로**(Birkeland-eyde Furnace) 등이 있다.

① 쇤헤르로

그림 2.14 (a)와 같이 나선상으로 회오리치며 공기 중에서 길이 10 m 정도의 아크를 발생시키는 노이다. 전압은 5,000 V, 용량은 1,000 kVA 정도의 것이 많다.

② 파울링로

그림 2.14 (b)와 같이 전극 간극에서 발생된 아크는 밑에서 송풍되는 공기에 의해서 V자형의 전극을 따라 부채꼴 모양으로 퍼지면서 꺼진다. 이것을 반 사이클마다 되풀이하게 된다.

전극 간극은 2~3 mm, 전압은 4,000~5,000 V, 용량은 400~600 kVA 정도이다.

③ 비르게란드-아이데로

그림 2.14 (c)와 같이 아크와 직각 방향으로 자계를 가하여 반 사이클마다 아크를 좌우로 넓혀서 원판 형으로 아크를 점화하는 노이다. 전압은 5,000 V, 용량은 3,000~5,000 kVA 정도이고, 전극 간극은 8~20 mm이다.

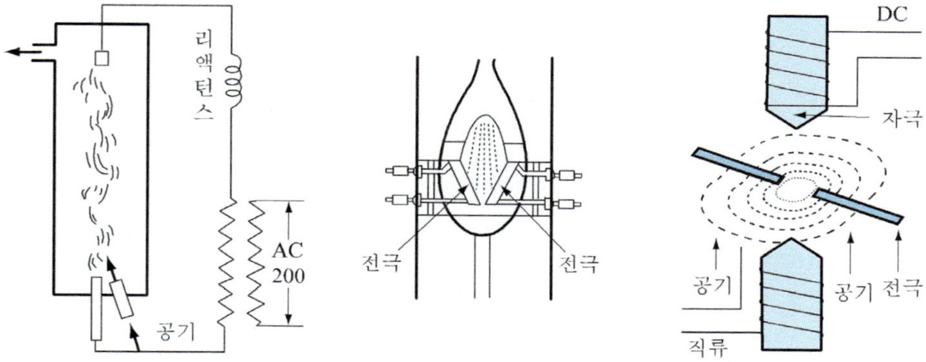

(a) 쉔헤르로 (b) 파울링로 (c) 비르게란드 -아이데로

[그림 2.14] 고압 아크로

4.4 유도로

전자유도 작용에 의하여 도전성의 피 가열물에 와전류(Eddy Current)를 발생시켜 줄(Joule)열로 가열하는 방식이다. 유도로에는 50~60 Hz의 저주파 유도로와 1 kHz 이상의 주파수에 사용하는 고주파 유도로가 있다.

주파수가 높을 경우 표피효과에 의해 전류가 표면에 많이 존재하며 주파수가 낮을 경우 가열물 깊이 영향을 준다.

(1) 저주파 유도로

① 구형로

구형로의 원리는 변압기와 같이 2차회로가 환상의 피 용해 금속으로 구성되어 있으며, **철심 유도로**라고도 한다. 변압기에서는 2차 도체에 발생되는 열은 손실되지만 유도로에서는 열을 이용하여 금속을 용해한다.

㈎ 수평 환구로 : 그림 2.15와 같이 수평의 환상 슬롯을 지녔으며 특징은 다음과 같다.

· 슬롯 중의 금속량이 노에 사용된 내화물의 양에 비하여 소량이므로 열효율이 나쁘다.

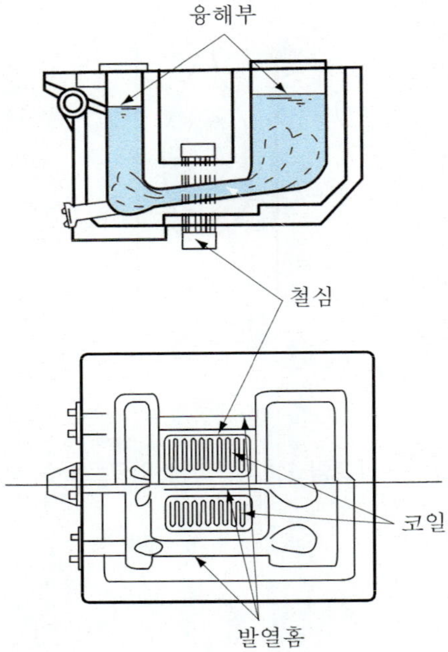

[그림 2.15] 수평 환구로

· 용융체에 강한 전류를 통하면 같은 방향 전류 사이에 작용하는 큰 흡인력으로 인하여 전류가 끊어지는 현상이 나타난다. 이 현상을 **핀치 효과**라고 한다.

· 1차와 2차 측의 자기결합이 나쁘므로 누설 자속이 많아 저역률이 된다. 그러나 2차 슬롯의 청소를 하기 쉽고, 또 용해물면의 교반이 적은 장점이 있으므로 용해물의 산화물로 2차 슬롯이 폐색되기 쉬운 알루미늄 및 경합금의 용해에 사용된다.

(나) 종형 저구로 (Ajax-wyatt Furnace)

그림 2.16과 같이 2차 슬롯은 약 70°의 각도로 교차하는 종형의 V자형이고, V의 양단은 상부가 원통의 도가니로 되어 있다. 가열은 이 2차 슬롯 내에서 이루어지고, 이것은 더욱이 내화물로 쌓여져 있으므로 열효율이 좋으며, 또 역률도 75~85% 정도나 된다.

용해물은 항상 일정량을 남겨 놓아야 연속작업을 할 수 있다. 금속의 손실도 적고 교반작용도 충분하다.

전원은 200 V 또는 400 V 이지만 전압 조정을 위하여 반드시 탭 변압기를 사용하여야 하고, 아연, 황동 등 동합금의 용해에 사용된다.

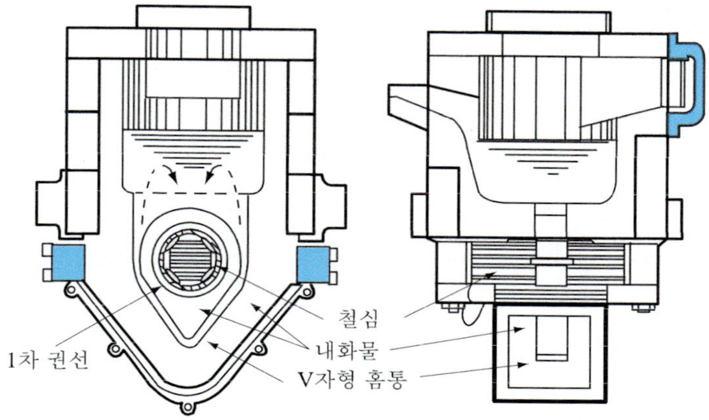

[그림 2.16] 종형 저구로

② 도가니형 유도로

도가니형의 용해실 안에 피열물을 넣어 가열 용해하는 것으로 **무철심 유도로** 또는 **어젝스노드럽로**(Ajax North Rup Furnace)라 한다. 피열물이 비도전성 재료일 때는 도가니 자신을 도전성의 흑연으로 만들지만 일반적으로 도가니는 내화재료로 만들고, 그 외측을 수랭식 코일로 에워싼다.

앞의 그림 2.17에 도가니형 유도로의 구조를 나타내었다. 공업용 대형로에는 1 kHz 전후의 주파수가 사용되고 있지만 작은 물건을 용해하거나 실험실에서는 흔히 높은 주파수가 사용된다. 무철심 유도로에서는 역률을 개선하기 위해서 콘덴서를 병렬로 넣는다.

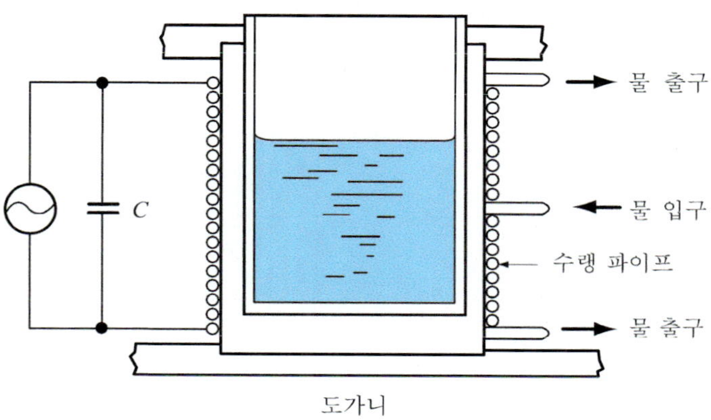

[그림 2.17] 도가니형 유도로

(2) 고주파 유도로

고주파 유도로는 모두 무철심 유도로이며, 가열방식은 저주파 도가니형 유도로가 모두 직접 유도방식을 사용하는데, 고주파 유도로는 직접 유도방식 외에 필요에 따라 간접 유도방식도 사용한다. 주파수도 1～10 kHz가 표준이지만 소형로에서는 400 kHz 까지도 사용한다.

고주파 유도로를 사용하면 대전력을 국부적으로 집중할 수 있고, 또한 매우 정밀한 제어를 할 수 있으므로 근래에는 게르마늄(Ge)이나 실리콘(Si) 등 반도체의 단결정 증착에 널리 이용되고 있다.

다음 그림 2.18에 고주파 유도로의 형태를 나타내었다.

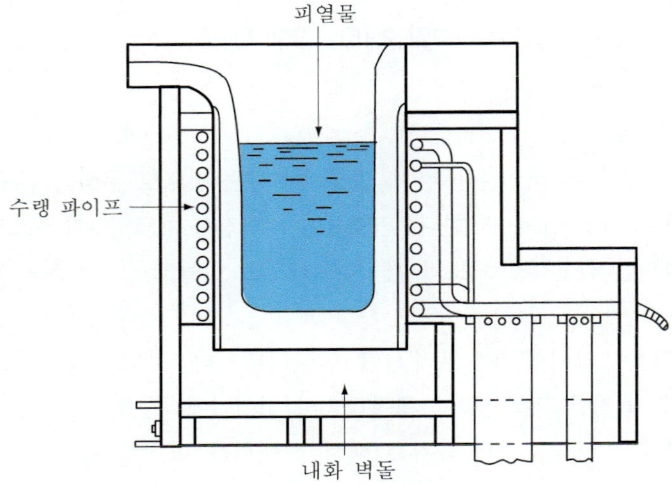

[그림 2.18] 고주파 유도로

연습 문제

1. 직접식 저항로에 대해 설명하여라.

2. 간접식 저항로에 대해 설명하여라.

3. 아크로에 대해 설명하여라.

4. 유도로에 대해 설명하여라.

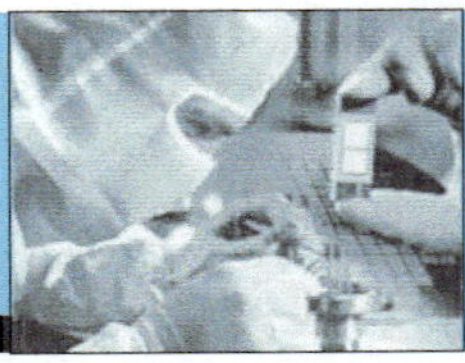

제 5 장 전기 용접

전기 용접이란 전기적으로 접합부를 가열하는 방식을 말하는데 가열방식에 따라 **저항 용접, 유도 용접, 아크 용접**의 3가지로 나눌 수 있다. 아크 용접은 접합부를 완전히 용해해서 접합하므로 융접(Fusion Welding)에 속하고, 저항 및 유도 용접은 압력을 가해 용접하므로 압접(Pressure Welding)에 속한다.

5.1 저항 용접(Resistance Welding)

저항 용접이란 용접하는 모재의 접촉부에 전류를 통하여, 여기에 발생하는 저항 열에 의해서 가열하고 압력을 가해서 하는 용접이다.

저항 용접은 아크 용접에 비해 용접부의 온도가 낮고, 또 열의 영향이 용접부 부근에만 미치므로 변형이나 잔류응력이 적다. 비교적 정밀한 공작물의 용접이 가능하고 용접시간도 극히 짧으나 일반적으로 대전류를 필요로 하기 때문에 설비비가 높다. 전원으로 상용 주파수가 사용된다.

(1) 겹치기 용접(Lap Welding)

① 점 용접(Spot Welding)

금속판을 겹쳐서 그림 2.19와 같이 접합선을 따라 동 또는 특수합금의 전극 사이에 끼우고, 접합선을 따라서 점 모양으로 용접하는 방법이며, 자동차 용접, 전구의 필라멘트 용접, 열전대 접점 등의 용접에 널리 사용된다.

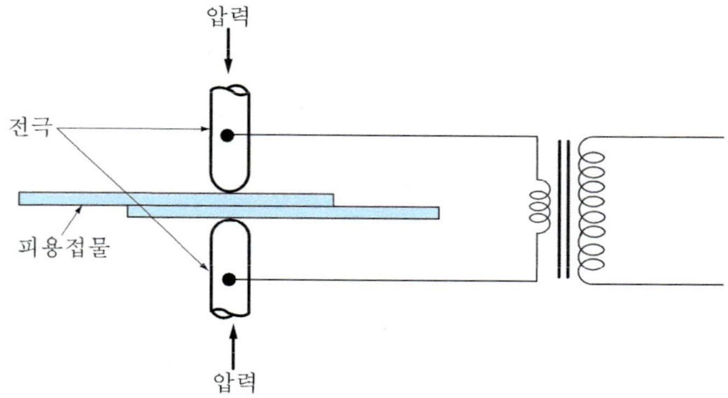

[그림 2.19] 점 용접

② 프로젝션 용접 (Projection Welding)

전극에는 그림 2.20과 같은 표면이 판판한 것을 쓰며, 용접하려는 금속판에는 미리 점 또는 선 모양의 돌기를 만들어 놓고, 여기에 전류를 집중시켜 흐르게 하여 돌기부분이 동시에 용접되게 하는 용접방식이다.

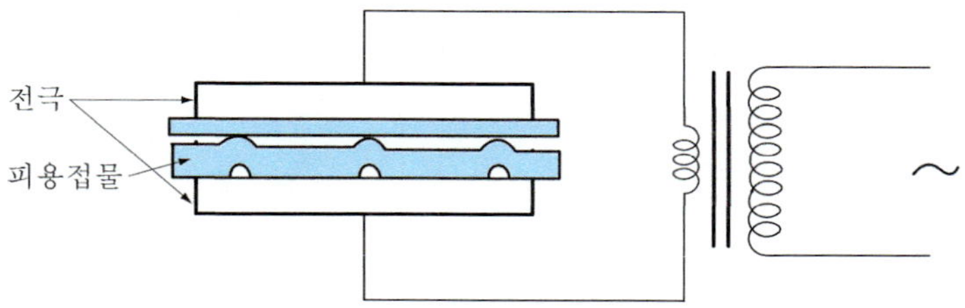

[그림 2.20] 프로젝션 용접

③ 심 용접 (Seam Welding)

그림 2.21과 같이 동 또는 합금으로 된 원통형 회전전극으로 금속판을 밀고 전동기로 회전시켜 연속적으로 점 용접하는 방식이다. 금속판 전극의 과열을 막기 위해서 전류를 단속하는 경우가 많다.

이 경우에는 용접부는 점 용접이 연속한 선상의 용접이 되므로 액체나 기체가 새는 것을 막는 내밀성을 요하는 부분의 용접에 적합하다.

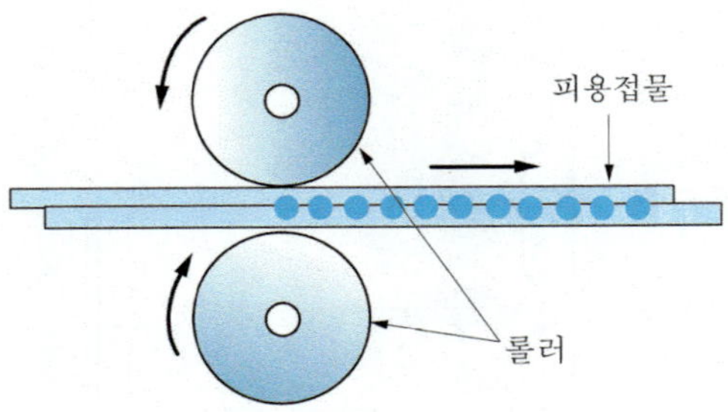

[그림 2.21] 심 용접

(2) **맞대기 용접** (Butt Welding)

맞대기 용접은 금속선, 금속막대, 금속판의 용접면을 맞대고 그 전면을 동시에 용접하는 방법으로서 가압방법 및 전류를 통해주는 방법에 따라 다음과 같은 2종류로 나눌 수 있다.

① **업셋 맞대기 용접** (Upset Butt Welding)

그림 2.22와 같이 용접면을 맞대고 압력을 가해 놓은 후 전류를 통하여 충분히 가열하면 접합부가 용접온도에 이르게 되어 약간 부풀어 오르면서 업셋 돌기용접이 된다. 전선 공장에서 동선, 강선 및 알루미늄선 등의 접속에 이용된다.

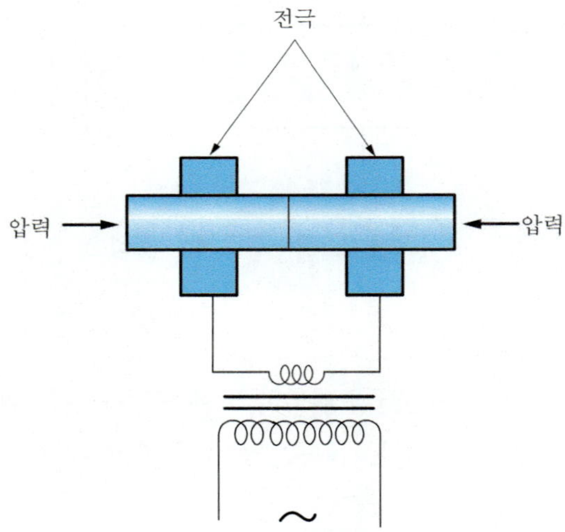

[그림 2.22] 맞대기 용접

② **불꽃 맞대기 용접** (Flash Butt Welding)

플래시 맞대기 용접이라고도 하며, 용접기의 구조는 업셋 용접의 경우와 거의 같다. 용접원리는 용접할 재료를 서로 접촉시키기 전에 적당한 거리를 두고 전원을 연결하여 서서히 이것을 접근시킨다. 용접재료가 서로 접촉하면 돌출한 곳이 먼저 접촉하게 되고, 이곳에 큰 전류가 집중해서 흐르게 되므로 이 부분은 급격히 온도가 상승하고 불꽃이 발생한다. 이를 계속해서 접근시키면 돌출된 곳에 차례로 불꽃이 발생하여 전면에 걸쳐 적당한 용접온도에 이르게 된다. 이때 순간적으로 강한 압력을 가한 후 곧 전류를 끊으면 용접이 끝난다.

이 방법의 특징은 용접속도가 빠르고 신뢰성이 높으며 단면적이 큰 것을 용접할 수 있으나 용접기 가격이 비싸다. 철도의 레일 용접, 자동차나 항공기의 부품, 건축의 섀시 등의 용접에 이용된다.

5.2 유도 용접(Inductance Welding)

용접부분을 유도가열 방식으로 가열해서 용접하는 방식으로 주로 파이프 용접, 전기, 기계 부품 등의 용접에 이용된다. 원리는 그림 2.23과 같이 유도코일을 이용하여 피 가열물에 발생하는 와전류에 의한 줄 열로 용접하는 것이다.

특징은 저항 용접과 같이 전극이 필요하지 않고 컨덕터와 파이프와의 사이에 마찰이 없으며, 전류는 용접부분의 가장자리로만 흐르므로 용접할 부분을 끊거나 청소할 필요가 없다.

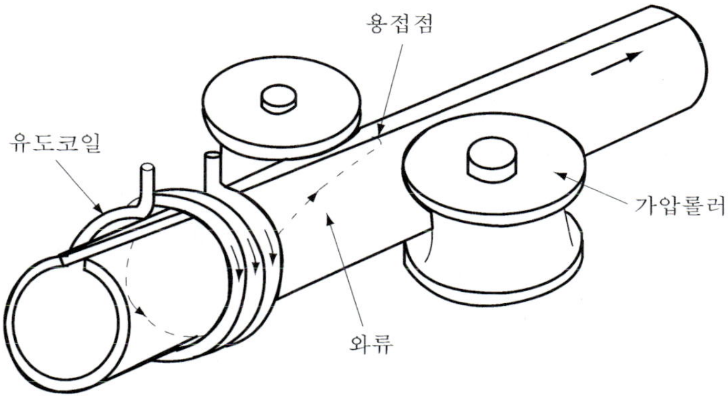

[그림 2.23] 유도 용접

5.3 아크 용접(Arc Welding)

아크 용접이란 용접하려는 금속모재와 용접용 전극(용접봉 혹은 전극 와이어)과의 사이에서 발생한 아크열에 의해 금속을 가열해서 용융 접합시키는 것이다.

아크 용접용 전원으로는 교류 또는 직류를 사용하는데, 직류가 교류보다 안정하다. 그밖에 직류는 극성을 적당히 선택할 수 있으며 특히 아크가 끊어지기 쉬운 소전류의 용접에는 매우 유리하다.

그러나 100 A 정도 이상에서는 아크의 안정에 있어서 교류와 직류는 거의 같다. 100 A 이상이 되면 직류에서는 **자기소멸**(Magnetic Blowout)의 현상에 의하여 아크가 소멸되어 불안정하게 되기 쉽다.

그러나 교류에서는 금속 중의 와전류(Eddy Current)에 의하여 아크 부근의 자계가 약화되므로 이런 점에서는 교류가 오히려 우수하다.

(1) 아크 용접기

① 교류 아크 용접기

교류 아크 용접기는 리액턴스에 의해서 수하 특성(Dropping Characteristics)을 얻을 수 있으므로 변압기의 2차 측에 리액터를 접속하거나 또는 자기누설 변압기를 사용해서 필요한 특성을 얻을 수 있다.

즉, 그림 2.24와 같은 구조의 변압기가 사용되는데 그림 (a)는 가동 코일형으로 한쪽 코일을 상하로 움직여 리액턴스를 조정하고, 그림 (b)와 (c)는 자동 철심형으로 탭에 의한 조정 외에 철심을 움직임으로써 세밀하게 전류를 조정할 수 있다.

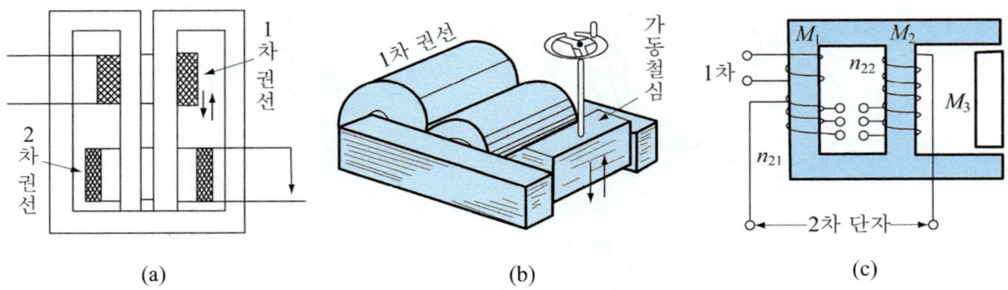

[그림 2.24] 교류 아크 용접기

정격으로서는 200, 300, 400, 500 A의 것이 제작되고 있다. 무 부하 전압은 100~150 V이고, 역률은 일반적으로 30~40% 정도로 매우 낮다. 때문에 1차 측에 콘덴서를 넣어 역률 개선을 행하는 용접기도 있다.

또한 효율도 낮아 보통 70~80% 정도이다. 특히 아크의 안정을 필요로 할 때는 고주파 고전압을 겹쳐서 아크의 공간의 도전성을 증가시키는 방법도 사용되고 있다.

② 직류 아크 용접기

직류 아크 용접에는 수하 특성을 갖기 위해서 50~70 V의 직류 정전압 전원에 직렬 저항을 연결하지만 저항의 줄 열에 의한 전력손실이 크게 되므로 보통 특수한 직류 발전기를 3상 유도전동기에 연결한 용접기를 사용한다.

발전기로 **타여자 차동 복권 발전기, 제 3브러시 발전기, 직권 로젠버그 발전기** 등이 사용된다.

(2) 아크 용접의 종류

① 탄소 아크 용접 (Carbon Arc Welding)

가장 오래된 용접방법으로서 전극은 탄소를 사용하며, 전원으로는 반드시 직류를 사용한다. 가열에 의해서 용접부의 합금성분이 증발해서 기계적으로 약해지는 결점은 있으나 50 A 이하의 소 전류에도 안정된 아크를 발생할 수 있으므로 수리용의 용접에 사용된다.

② 금속 아크 용접 (Metallic Arc Welding)

금속의 용접봉을 전극으로 사용하는 것으로서 순수금속을 용접봉으로 하는 나금속 아크 용접과, 나금속 아크 용접의 불안정한 아크를 해소하기 위해 피복제가 있는 용접봉을 사용하는 피금속 아크 용접법이 있다.

이들 원리는 용접봉과 모재 사이에 아크가 형성되고 이 아크에서 발생되는 열에 의해서 용접봉과 모재가 녹아 들어가면서 용접이 이루어진다.

③ 원자수소 용접 (Atomic Hydrogen Welding)

지름 1~4 mm 정도의 2개의 텅스텐 전극 사이에 교류 아크를 발생시키고 그 아크 중에 수소가스를 뿜어주면 6000°K 정도 아크의 고온에 의해서 수소분자는 원자상태로 해리된다. 이 아크를 접합시킬 금속에 접근시키면 해리된 수소원자는 냉각되어서 다시 분자 상으로 결합한다. 이때 해리열을 방출하므로 이것을 이용해서 용접을 할 수 있다.

수소는 이와 같이 열을 운반하는 작용을 하는 것과 동시에 전극을 냉각시키며, 또 환원성을 가지고 있으므로 전극과 용접부가 외기에 의해서 산화되는 것을 막는 구실을 한다. 이 방법은 수소를 사용하는 번거로운 점이 있지만 동, 동합금, 스테인리스강 등의 용접에 사용된다.

④ 불활성가스 아크 용접 (Inert Gas Arc Welding)

전극의 주위에 네온(Ne), 아르곤(Ar), 헬륨(He) 등의 불활성가스를 분출시켜서 아크 부분을 공기로부터 차단함으로써 양질의 용접을 얻는 방법이다.

대표적인 것으로 TIG(Tungsten Inert Gas Welding) 용접법이 있는데 텅스텐을 전극으로 사용하며, 용접부위에 녹아 들어가는 용접봉을 따로 공급해 준다. **알루미늄** 또는 **마그네슘**의 용접에 주로 쓰인다.

⑤ 플라스마 플레임 용접 (Plasma Flame Welding)

노즐에서 분출하는 아르곤, 수소, 질소 가스 중에 직류 전압 또는 고주파 전계를 가하여 플라스마(plasma)를 발생시키고 플라스마의 고온을 이용하여 가열 용접하는 것인데 3,000~17,000°K의 고온을 얻을 수 있다. 보통의 아크 가열과 달리 모재와 관계없이 독립하여 아크를 발생시킬 수 있는 장점이 있다.

연습 문제

1. 저항 용접에 대해 설명하여라.

2. 유도 용접에 대해 설명하여라.

3. 직류 아크 용접과 교류 아크 용접법에 대해 비교 설명하여라.

4. 원자 수소 용접에 대해 설명하여라.

5. 불활성가스 아크 용접에 대해 설명하여라.

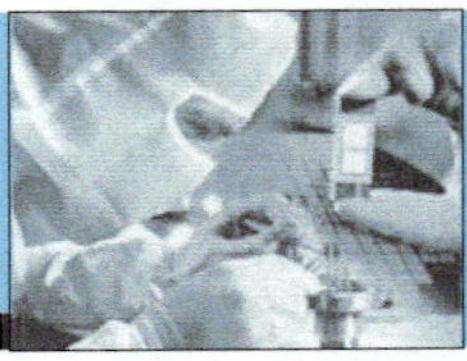

제 6 장 전기 건조

6.1 전열 건조

니크롬선 등의 발열체를 쓴 건조기를 전열 건조기라 한다. 이 건조기에는 건조할 때마다 재료를 넣었다 꺼내는 **상형 건조기**, 발열체로 가열된 공기를 송풍기에 의해 건조실로 보내는 **열풍 건조기**, 그리고 열판 위에 피 건조물을 직접 올려놓고 건조하는 **가열면 건조기** 등이 있다.

6.2 적외선 건조

(1) 적외선전구

적외선 가열용으로 설계된 적외선전구의 필라멘트 온도는 2,200~2,500°K이며 복사에너지를 건조 면에 유효하게 모아서 가열하기 위하여 그림 2.25와 같이 전구의 특수한 유리구 내의 반사경면에 알루미늄을 진공 증착한 것과 전구 밖에 따로 반사갓을 붙인 것이 있다. 일반 공업용 전구에는 무색 유리를 쓰지만 치료용 등 특수한 용도에는 적색의 것이 쓰인다.

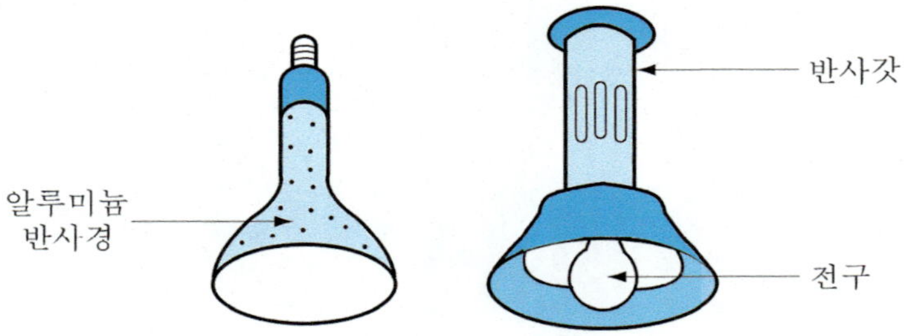

[그림 2.25] 적외선전구

(2) 적외선 건조기

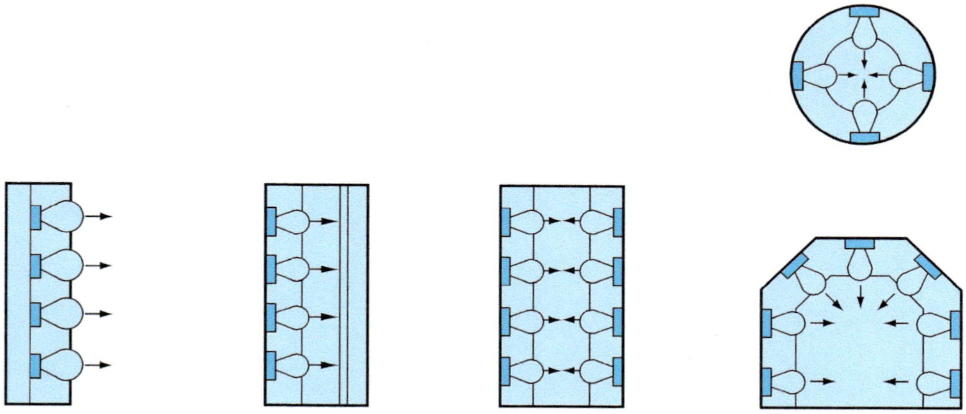

(a) 개방형 (b) 평면 뱅크형 (c) 양면 뱅크형 (d) 터널형

[그림 2.26] 적외선 건조기의 형식

적외선 건조에 사용되는 전구를 적외선 건조 유닛이라고 한다. 다수의 유닛을 배열해서 적외선 건조기의 한 면을 이루고 있는 것을 **뱅크**(bank)라고 한다. 그 평면부는 금속 반사판으로 되어 있다. 적외선 건조기는 뱅크를 조립해서 만드는 것인데 그 기본 형태로는 개방형, 평면 뱅크형, 양면 뱅크형, 터널형 등이 있다.

이들의 형태를 그림 2.26에 나타내었다. 일반적으로 적외선 건조기는 열풍 건조기에 비하여 구조를 개방적으로 할 수 있고, 또 단시간에 처리할 수 있으므로 이것을 생산 공정에 채용하면 컨베이어 방식으로 할 수 있다.

이때 가열을 효율적으로 하기 위해서는 건조기 내를 가열구와 보온구로 나눈다든지, 도장을 굽는 경우와 같이 서서히 가열하는 경우에는 예열구, 가열구, 보온구, 서랭구 등으로 나누어 각 구내의 복사 조도를 달리하고 있다. 적외선 건조는 섬유, 도료, 제지, 피혁, 약품, 식품 등의 건조에 주로 사용된다.

6.3 고주파 건조

고주파 건조는 고주파 유전 가열을 이용한 것으로 목재의 건조, 베니어합판 등의 접착건조,

약품의 건조 등에 사용된다. 1~100 MHz 범위의 고주파를 이용하며, 온도의 응답속도가 빠르고 온도제어가 용이하다.

연습 문제

1. 전열 건조에 대해 설명하여라.

2. 적외선 건조에 대해 설명하여라.

3. 적외선 건조기 형식에 대해 설명하여라.

4. 고주파 건조에 대해 설명하여라.

기 · 출 · 문 · 제

2-1 1 BTU 는 몇 kcal 인가?

㉮ 0.252　　㉯ 0.035
㉰ 4.18　　㉱ 3.968

해설 1BTU : 물 1 lb(=0.4535 kg)를 1 °F$\left(=\frac{5}{9}℃\right)$ 상승시키는 데 필요한 열량

$H = 0.4535 \times \frac{5}{9} = 0.2519 \text{ kcal} ≒ 0.252 \text{ kacl}$

㉮

2-2 다음 중 열용량의 단위를 나타내는 것은?

㉮ J/℃cm　　㉯ J/℃
㉰ J/cm^2℃　　㉱ J/cm^3℃

해설 열용량 : 물체 m[kg]를 1℃ 올리는 데 필요한 열량[J/℃][cal/℃]

㉯

2-3 1 kWh 는 몇 kcal 인가?

㉮ 4.186　　㉯ 41.86
㉰ 86　　㉱ 860

해설 $1 \text{ kWh} = 10^3 \text{ W} \times 3600 \text{ s} = 3.6 \times 10^6 \text{ W}\cdot\text{s} = 3.6 \times 10^6 \text{ J}$

$= 0.24 \times 3.6 \times 10^6 \text{ cal} = 860 \text{ kcal}$

㉱

2-4 열전도율을 표시하는 단위는?

㉮ J/kg·deg　　㉯ W/m^2·deg
㉰ W/m·deg　　㉱ J/m^3·deg

해설 열의 옴 법칙은

$I = \frac{KA\theta}{l}$ 에서 $K = \frac{lI}{A\theta}$ [W/m·deg]

㉰

2-5 다음 전기회로와 열 회로의 대응관계에서 잘못된 것은?

㉮ 전류 – 열류 ㉯ 전압 – 압력
㉰ 도전율 – 열전도율 ㉱ 정전용량 – 열용량

해설 전압 – 온도차

㉯

2-6 열 회로의 열량은 전기회로의 무엇에 해당하는가?

㉮ 전류 ㉯ 전압
㉰ 전기량 ㉱ 열저항

㉰

2-7 공업 단위에서 열 저항 단위는?

㉮ ℃ ㉯ kcal/h
㉰ ℃h/kcal ㉱ kcal/℃

해설 $R = \frac{\theta}{I}$ [℃/W] [℃h/kcal]

㉰

2-8 열 저항의 단위 1℃/W는 몇 ℃·h/kcal 인가?

㉮ 1.163 ㉯ 11.63
㉰ 860 ㉱ 540

해설 $\left[\frac{℃}{W}\right] = \frac{℃}{J/sec} = \frac{℃\,sec}{J}$

$$= \frac{℃ \times \frac{1}{3600}h}{0.24 \times 10^{-3}\,kcal} = 1.163\left[\frac{℃\cdot h}{kcal}\right]$$

㉮

2-9 다음의 용어 중에서 열류의 공업 단위는?

㉮ kcal ㉯ h · m · ℃/kcal
㉰ ℃ · h/kcal ㉱ kcal/h

㉱

2-10 열 저항율을 표시하는 단위는?

㉮ J/kg · °C ㉯ W/m · °C
㉰ m · °C/W ㉱ J/m^3 · °C

답 ㉰

2-11 지름 25 cm, 길이 1 m의 탄소 전극의 열저항값(열Ω)을 구하여라. (단, 전극의 고유저항은 2.5 (열Ω · cm) 이다.)

㉮ 0.05 ㉯ 0.5
㉰ 5 ㉱ 50

해설 $R = \rho \frac{l}{S} = \rho \frac{l}{\pi r^2} = \frac{2.5 \times 100}{\pi \times (12.5)^2} = 0.509$ [열Ω]

답 ㉯

2-12 단면적 0.3 m^2, 길이 5 m인 원형 봉상 도체의 일단을 300℃라 하고, 이로부터 온도 100℃의 다른 단자로 열이 매시간 전도하는 열량(kcal/h)은 얼마인가? (단, 재질의 열전도율은 6.25 kcal/mh℃이고, 열 방산은 없는 것으로 한다.)

㉮ 50 ㉯ 75
㉰ 100 ㉱ 120

해설 $I = \frac{\theta}{R} = \frac{\theta}{\rho \frac{l}{S}} = \frac{\theta}{\frac{l}{kS}} = \frac{kS\theta}{l}$

$= \frac{6.25 \times 0.3 \times (300 - 100)}{5}$

$= 75$ kcal/h

답 ㉯

2-13 발열체의 필요조건에 해당되지 않는 것은?

㉮ 압연성이 풍부할 것 ㉯ 내식성이 클 것
㉰ 온도 조정이 용이할 것 ㉱ 내열성이 클 것

답 ㉰

2-14 발열체로서의 구비조건 중 틀린 것은?

㉮ 내열성이 클 것
㉯ 저항의 온도계수가 양(+)수로서 작을 것
㉰ 연전성이 풍부하고 가공이 용이할 것
㉱ 내식성이 작을 것

✎ ㉱

2-15 저항 발열체의 구비조건이 아닌 것은?

㉮ 팽창계수가 클 것
㉯ 적당한 저항 값을 가질 것
㉰ 내식성이 클 것
㉱ 내열성이 클 것

✎ ㉮

2-16 열전도율이 가장 좋은 것은? [산업 98]

㉮ 은
㉯ 철
㉰ 니크롬
㉱ 알루미늄

✎ ㉮

2-17 니크롬선에서 크롬의 함유율(%)은?

㉮ 0~10
㉯ 10~20
㉰ 20~30
㉱ 30 이상

✎ ㉯

2-18 니크롬 전열선에서 제1종의 최고 사용온도(℃)는?

㉮ 700
㉯ 1100
㉰ 900
㉱ 130

✎ ㉯

2-19 니크롬 전열선에서 제2종의 최고 사용온도(℃)는?

㉮ 700
㉯ 900
㉰ 1100
㉱ 140

✎ ㉯

2-20 니크롬 전열선을 전열기에 사용할 때 온도(℃)는?

㉮ 500 ㉯ 700
㉰ 1100 ㉱ 1300

해설 니크롬 1종은 1100℃, 니크롬 2종은 900℃

㉰

2-21 철-크롬 제2종의 최고 사용온도(℃)는?

㉮ 800 ㉯ 900
㉰ 1000 ㉱ 1100

㉱

2-22 최고 사용온도가 1,100℃이고, 고온 강도가 크고 냉간 가공이 용이하며, 고온용 발열체에 적합한 것은?

㉮ 니크롬 제2종 ㉯ 니크롬 제1종
㉰ 철크롬 제2종 ㉱ 철크롬 제1종

㉯

2-23 다음 발열체 중 최고 사용온도가 가장 높은 것은?

㉮ 니크롬 제1종 ㉯ 니크롬 제2종
㉰ 철-크롬 제1종 ㉱ 탄화규소 발열체

㉱

2-24 발열체에 사용하는 카보런덤의 분자식은?

㉮ SiC ㉯ SiO
㉰ SiO_3 ㉱ SiC_2

㉮

2-25 비금속 발열체의 최고 온도(℃)는?

㉮ 1,300 ㉯ 1,200
㉰ 800 ㉱ 1,600

㉱

2-26 전극 재료의 구비조건이 잘못된 것은?

㉮ 열전도율이 작고 도전율이 커서 전류밀도가 클 것
㉯ 고온에서도 기계적 강도가 작고 열팽창률이 클 것
㉰ 성형이 용이하고 값이 쌀 것
㉱ 불순물이 적고 산화 및 소모가 적을 것

㉯

2-27 직접 가열식 저항로에 쓰이는 전극은?

㉮ 텅스텐 전극　　㉯ 니켈 전극
㉰ 탄소 전극　　㉱ 철 전극

㉰

2-28 흑연 전극을 사용한 전기로의 가열방식은?

㉮ 아크 가열　　㉯ 저주파 유도 가열
㉰ 유전 가열　　㉱ 고주파 유도 가열

㉮

2-29 전기로에 사용하는 전극 중 주로 제강, 제선용 전기로에 사용되며, 고유저항이 가장 작은 것은?

㉮ 인조 흑연 전극　　㉯ 고급 천연 흑연 전극
㉰ 천연 흑연 전극　　㉱ 무정형 탄소 전극

㉮

2-30 열전 온도계의 원리는?

㉮ 핀치 효과　　㉯ 제만 효과
㉰ 제벡 효과　　㉱ 홀 효과

㉰

2-31 두 도체 또는 반도체의 폐회로에서 두 접합 점의 온도차로서 전류가 생기는 현상은?

[산업 96]

㉮ 홀 효과　　㉯ 광전 효과
㉰ 펠티에 효과　　㉱ 제벡 효과

㉱

2-32 보통 쓰이는 열전대의 조합은?

㉮ 동 – 콘스탄탄 ㉯ 크롬 – 콘스탄탄
㉰ 창연 – 백금 ㉱ 백금 – 스테인리스

해설 동(銅) = 구리, 창연 = 비스무트

㉮

2-33 보통 쓰이는 열전대로 조합이 아닌 것은?

㉮ 크롬 – 콘스탄탄 ㉯ 구리 – 콘스탄탄
㉰ 철 – 콘스탄탄 ㉱ 크로멜 – 알루멜

해설 크롬, 은, 아연은 열전대로 사용하지 않는다.

㉮

2-34 공업용 온도계로서 가장 높은 온도를 측정할 수 있는 것은?

㉮ 백금 – 백금로듐 ㉯ 크로멜 – 알루멜
㉰ 철 – 콘스탄탄 ㉱ 동 – 콘스탄탄

해설 백금 – 백금로듐 : 1400℃ 크로멜 – 알루멜 : 1000℃
철 – 콘스탄탄 : 500℃ 동 – 콘스탄탄 : 360℃

㉮

2-35 열전대의 보호관에 적합한 유리는?

㉮ 소다석회 유리 ㉯ 석영 유리
㉰ 붕규산 유리 ㉱ 납 유리

㉯

2-36 열 절연재료로 쓰이고 있지 않는 것은?

㉮ 운모 ㉯ 석면
㉰ 탄화 실리콘 ㉱ 자기

㉰

2-37 100 V, 500 W 의 전열기를 90 V 에서 사용할 때의 전력(W)은?

가 405　　나 425
다 450　　라 500

해설 $P = \frac{V^2}{R}$에서 $R = \frac{V^2}{P} = \frac{100^2}{500} = 20\Omega$

$P' = \frac{(V')^2}{R} = \frac{90^2}{20} = 405$ W

가

2-38 500 W 는 몇 cal/s인가?

가 71　　나 86
다 98　　라 120

해설 $500\text{ W} = 500\frac{\text{J}}{\text{sec}} = 500\frac{0.24\text{cal}}{\text{sec}} = 120\text{ cal/sec}$

라

2-39 어떤 전열기에서 5분 동안에 900,000 J 의 일을 했다고 한다. 이 전열기에서 소비한 전력은 몇 W 인가?

가 500　　나 1500
다 2000　　라 3000

해설 $P = \frac{W}{t} = \frac{900000}{5 \times 60} = 3000\ [\text{J/sec}][\text{W}]$

라

2-40 500 W 의 전열기를 정격상태에서 1시간 사용 시 발생 열량(kcal)은?

가 430　　나 520
다 610　　라 860

해설 $H = 860\,Pt = 860 \times 0.5 \times 1 = 430$ kcal

가

2-41 10Ω 의 저항에 10 A 를 20분 동안 흘렸을 때의 발열량(kcal)은?

㉮ 144 ㉯ 216
㉰ 287 ㉱ 360

해설 $H = 860Pt = 860I^2R \times 10^{-3} \times t = 860 \times 10^2 \times 10 \times 10^{-3} \times \dfrac{20}{60} = 286.6\text{ kcal}$

㉰

2-42 5Ω 의 전열선을 100 V 에 1시간 사용할 때의 발열량(kcal)은?

㉮ 720 ㉯ 1720
㉰ 2720 ㉱ 3720

해설 1시간당 발열량 $H = 860Pt = 860 \times \dfrac{100^2}{5} \times 10^{-3} \times 1 = 1720\text{ kcal}$

㉯

2-43 10℃의 물 10 l를 20분 만에 96℃로 올리려면 전열기의 용량(kW)은?

㉮ 0.5 ㉯ 1
㉰ 3 ㉱ 5

해설 $H = 860Pt\eta = mC\theta$ [kcal] 에서 $P = \dfrac{mC\theta}{860t\eta} = \dfrac{10 \times 1 \times (96-10)}{860 \times \left(\dfrac{20}{60}\right) \times 1} = 3\text{ kW}$

㉰

2-44 1.2 l의 물을 15℃에서 75℃까지 10분 만에 가열하려면 전열기의 용량 W은? (단, 효율은 70 %이다).

㉮ 약 520 ㉯ 약 620
㉰ 약 720 ㉱ 약 1028

해설 $H = 860Pt\eta = mC\theta$ [kcal] 에서

$$P = \frac{mC\theta}{860t\eta} = \frac{1.2 \times 1 \times (75-15)}{860 \times \left(\dfrac{10}{60}\right) \times 0.7} = 0.717\text{ kW} \fallingdotseq 720\text{W}$$

㉰

2-45 80℃의 물 1000 l가 있다. 전열기로 2시간 동안 이 물을 100℃까지 올리는 데 필요한 전력은 몇 kW 인가? (단, 전열기의 효율은 95% 라 한다.)

㉮ 약 11.5　　㉯ 약 12.2
㉰ 약 13.5　　㉱ 약 14.2

해설 $H = 860Pt\eta = mC\theta$ [kcal] 에서

$$P = \frac{mC\theta}{860t\eta} = \frac{1000 \times 1 \times (100-80)}{860 \times 2 \times 0.95} = 12.2\text{ kW}$$

㉯

2-46 반지름 3 cm, 두께 1 cm 의 강판을 유도 가열에 의하여 3초 동안에 20℃에서 700℃로 가열하기 위한 강판의 소요 순 전력(kW)을 구하여라. (단, 강판의 비중은 7.85, 비열은 0.16 kacl/kg℃이다.)

㉮ 0.3　　㉯ 3.3
㉰ 6.6　　㉱ 33

해설 강판 질량 m = 부피 × 비중 $= \pi \times 3^2 \times 1 \times 7.85 = 221.8$ [g] $= 0.22$ [kg]

$H = 860Pt\eta = mC\theta$ [kacl] 에서

$$P = \frac{mC\theta}{860t\eta} = \frac{0.22 \times 0.16 \times (700-20)}{860 \times \left(\frac{3}{3600}\right) \times 1} = 33\text{ kW}$$

㉱

2-47 5 kg의 강재를 20℃에서 85℃까지 35초 사이에 가열하려면 몇 kW 의 전력이 필요한가? (단, 강재의 평균 비열은 0.15 kcal/℃kg이고, 강재에서 온도의 방사는 생각하지 않는다.)

㉮ 5.8　　㉯ 7.0
㉰ 3.5　　㉱ 4

해설 $H = 860Pt\eta = mC\theta$ [kcal] 에서

$$P = \frac{mC\theta}{860t\eta} = \frac{5 \times 0.15 \times (85-20)}{860 \times \left(\frac{35}{3600}\right) \times 1} = 5.8\text{ kW}$$

㉮

2-48 1기압 하에서 20℃의 물 6 l를 4시간 동안에 증발시키려면 몇 kW의 전열기가 필요한가? (단, 전열기의 효율은 70%이다.)

㉮ 0.77 ㉯ 1.54
㉰ 3 ㉱ 6

해설 $P = \dfrac{m(C\theta + q)}{860t\eta} = \dfrac{6 \times [1 \times (100-20) + 539]}{860 \times 4 \times 0.7} = 1.54\,\text{kW}$

㉯

2-49 5 atm에서 매시간 1[t]의 수증기를 내는 데 소요되는 전기보일러의 전력은 몇 kW 인가? (단, 전기보일러의 효율은 90%, 5 atm에서의 물의 비등점은 160℃, 기타 잠열은 500 kcal/kg이고, 보일러 공급수의 온도는 30℃이다.)

㉮ 762 ㉯ 795
㉰ 814 ㉱ 836

해설 $P = \dfrac{m[C\theta + q]}{860t\eta} = \dfrac{1000 \times [1 \times (160-30) + 500]}{860 \times 1 \times 0.9} = 814\,\text{kW}$

㉰

2-50 15℃의 물 4 l를 용기에 넣고 1 kW의 전열기로 90℃로 가열하는 데 30분이 소요되었다. 이 장치의 효율(%)은? (단, 증발이 없는 경우 q = 0 이다.)

㉮ 70 ㉯ 50
㉰ 40 ㉱ 30

해설 $\eta = \dfrac{mC\theta}{860Pt} = \dfrac{4 \times 1 \times (90-15)}{860 \times 1 \times \left(\dfrac{30}{60}\right)} = 0.697 = 70\,\%$

㉮

2-51 단위 발열량 5,000 kcal/kg인 석탄 5 kg의 발열량은 용량 10 kW의 전열기를 몇 시간동안 사용하는 것과 같은가?

㉮ 2.5 ㉯ 2.9
㉰ 10 ㉱ 100

해설 $t = \dfrac{m(C\theta)}{860P} = \dfrac{5 \times 5000 \times 1}{860 \times 10} = 2.9\,\text{h}$

㉯

2-52 1 kWh에 대해 25원의 심야 전력을 사용하여 2 kWh 전열기로 40℃의 물 100 l를 90℃로 데우는 데 필요한 전기 요금(원)은? (단, 효율은 90%이다.)

㉮ 81　　㉯ 124
㉰ 153　　㉱ 161

해설 $H = 860Pt\eta = mC\theta$ 에서

사용 전력량 $Pt = \dfrac{mC\theta}{860\eta} = \dfrac{100 \times 1 \times (90-40)}{860 \times 0.9} = 6.46\,\text{kWh}$

전기요금 = 사용전력량×단가 = 6.46×25 = 161원

㉱

2-53 열효율 75%, 1 kW의 온수기로 20℃의 물 1 kg을 5분간 가열할 때 물의 최종 온도는 약 몇 ℃인가?

㉮ 30　　㉯ 45
㉰ 63　　㉱ 74

해설 상승 온도 $\theta = \dfrac{860Pt\eta}{mC} = \dfrac{860 \times 1 \times \left(\dfrac{5}{60}\right) \times 0.75}{1 \times 1} = 53.75\,℃$

최종 온도 $\theta' =$ 초기 온도 + 상승 온도 $= 20 + 53.75 \fallingdotseq 74\,℃$

㉱

2-54 고유저항 $\rho = 100\mu\Omega\text{cm}$, 지름 d =0.4 mm, 길이 $l = 3\text{m}$의 니크롬선에 일정 전류 I=5 A가 흐를 때 매초당의 발열량은 몇 kcal 인가?

㉮ 0.092　　㉯ 0.1432
㉰ 3.35　　㉱ 335

해설 $R = \rho\dfrac{l}{S} = \rho\dfrac{l}{\pi r^2} = 100 \times \dfrac{300}{\pi(0.02)^2} = 23.87 \times 10^6\,\mu\Omega = 23.87\Omega$

$H = 0.24I^2Rt = 0.24 \times 5^2 \times 23.87 \times 1 = 143.22\,\text{cal} = 0.1432\,\text{kcal}$

㉯

2-55 용량 600 W인 전기풍로의 전열선 길이를 5 % 적게 하면 소비 전력(W)은 대략 얼마인가?

㉮ 540 ㉯ 570
㉰ 630 ㉱ 660

해설 $R_0 = \rho\frac{l}{S}$, $P_0 = \frac{V^2}{R_0} = 600$ W에서 $R' = \rho\frac{0.95l}{S} = 0.95\rho\frac{l}{S} = 0.95R_0$

$P' = \frac{V^2}{R'} = \frac{V^2}{0.95R_0} = \frac{1}{0.95}\frac{V^2}{R_0} = \frac{P_0}{0.95} = \frac{600}{0.95} = 631.57$ W

㉰

2-56 전열기에서 발열선의 지름이 1% 감소하면 저항 및 발열량은 몇 % 증감되는가?

㉮ 저항 2 % 증가, 발열량 2 % 감소
㉯ 저항 2 % 증가, 발열량 2 % 증가
㉰ 저항 2 % 증가, 발열량 4 % 감소
㉱ 저항 4 % 증가, 발열량 4 % 감소

해설 $R_0 = \rho\frac{l}{S}$, $H_0 = 0.24\frac{V^2}{R_0}t$ 에서

저항 $R = \rho\frac{l}{\pi(0.99r)^2} = \frac{1}{0.99^2}\rho\frac{l}{\pi r^2} = 1.02R_0$(2 % 증가)

열량 $H_0 = 0.24\frac{V^2}{1.02R}t = \frac{1}{1.02}\left(0.24\frac{V^2}{R}t\right) = 0.98H_0$(2 % 감소)

㉮

2-57 500 W의 전열기를 장시간 사용하여 그 전열선의 지름이 5% 감소하고, 수리에 의하여 길이가 10% 감소하였을 때의 W 수는?

㉮ 498 ㉯ 505
㉰ 501 ㉱ 507

해설 $R_0 = \rho\frac{l}{S} = \rho\frac{l}{\pi r^2}$, $P_0 = \frac{V^2}{R_0}$에서 $R' = \rho\frac{0.9l}{\pi(0.95r)^2} = 0.997\rho\frac{l}{\pi r^2} = 0.997R_0$

$P' = \frac{V^2}{R} = \frac{V^2}{0.997R_0} = \frac{1}{0.997}P_0 = \frac{500}{0.997} = 501.5$ W

㉰

2-58 전류에 의한 옴손을 이용하여 가열하는 것은?

㉮ 복사 가열 ㉯ 유전 가열
㉰ 유도 가열 ㉱ 저항 가열

㉱

2-59 저항 가열은 어떠한 원리를 이용한 것인가?

㉮ 아크손 ㉯ 유전체손
㉰ 줄손 ㉱ 히스테리시스손

㉰

2-60 피열물에 직접 통전하여 발열시키는 직접식 저항로가 아닌 것은?

㉮ 카바이드로 ㉯ 염욕로
㉰ 흑연화로 ㉱ 알루미늄로

㉯

2-61 카보런덤, 탄화붕소, 인조흑연, 석회질소 등의 제조는 어떤 노인가?

㉮ 저항로 ㉯ 아크로
㉰ 유도로 ㉱ 염욕로

㉮

2-62 흑연화 전기로의 가열방식은?

㉮ 아크 가열 ㉯ 유전 가열
㉰ 유도 가열 ㉱ 저항 가열

㉱

2-63 제품 제조 과정에서의 화학 반응식이 다음과 같은 전기로는 다음 중 어떤 가열방식인가?

$$CaO + 3C = CaC_2 + CO$$

㉮ 유전 가열 ㉯ 유도 가열
㉰ 간접 저항 가열 ㉱ 직접 저항 가열

㉱

2-64 다음 그림은 일반적으로 15~30 V, 1,000 A 정도의 탭 변압기를 사용하며 사용온도는 1,000~2,000℃ 정도를 쉽게 얻을 수 있는 노이다. 이것은 무슨 노인가?

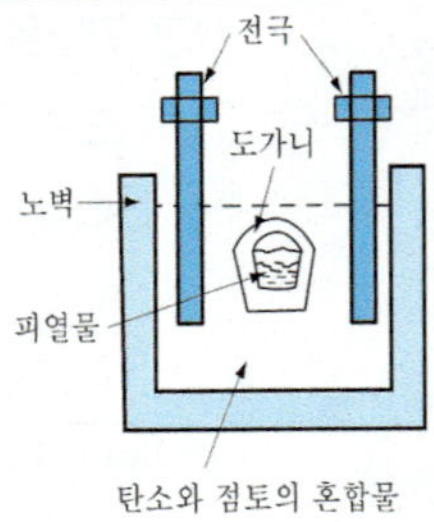

가 염욕로 (Saltbath Furnace)
나 카보런덤로 (Carborundum Furnace)
다 크리프톨로 (Cryptole Furnace)
라 탐만로 (Tamman Furnace)

답 다

2-65 다음은 관계있는 것끼리 짝지은 것이다. 서로 옳지 않은 것은? [산업 89]

가 ┌ 핀치 효과 └ 유도로
나 ┌ 형광등 └ 스토크스 정리
다 ┌ 표면 가열 └ 표피 효과
라 ┌ 열전 온도계 └ 톰슨 효과

답 라

2-66 형태가 복잡하게 생긴 금속 제품을 균일하게 가열하는 데 가장 적합한 가열방식은 무엇인가?

가 적외선 가열　　나 염욕로
다 직접 저항 가열　　라 유도 가열

답 나

2-67 간접식 저항로에 속하지 않는 것은 무엇인가?

가 흑연화로　　나 발열체로
다 탄소입로(크리프톨로)　　라 염욕로

답 가

2-68 아크 전기로에 대한 유도 전기로의 특성으로서 적합하지 못한 것은?

가 불순물이 적은 제품을 얻는다.
나 무효 전력이 커지므로 진상기를 써야 한다.
다 노 안의 분위기를 쉽게 조절할 수 있다.
라 건설비가 싸고, 사용 장소도 적게 든다.

답 라

2-69 저압 아크로로 이루어지지 않는 것은?

㉮ 제철
㉯ 제강
㉰ 합금의 제조
㉱ 공중 질소 고정

㉱

2-70 아크로와 관계없는 것은?

㉮ 쉔헤르로
㉯ 파울링로
㉰ 페로알로이드
㉱ 비라게란드-아이데로

㉰

2-71 고온 발생에 적당하며 효율, 역률 등이 저항로, 유도로의 중간 정도로서 전극 성분이 제품에 혼입되기 쉽고 제철, 제강, 공중 질소 고정, 합금에 용해에 쓰이는 노는?

㉮ 저항로
㉯ 아크로
㉰ 유도로
㉱ 고조파 유도로

㉯

2-72 핀치 효과는 다음의 어느 사항에서 일어나는가?

㉮ 유도형 계기와 와전류
㉯ 반도체와 전압
㉰ 용융금속과 강전류
㉱ 압전기와 전압

해설 핀치 효과 : 용융금속에 강전류가 흐르면 용융금속이 가늘어지면서 끊어지는 현상

㉰

2-73 반도체의 발달로 2종의 금속이나 반도체를 이용하여 열전대를 만들고, 이때 생기는 열의 흡수, 발생을 이용한 전자 냉동이 실용화되고 있다. 다음 중 어떤 현상을 이용한 것인가?

㉮ 제벡 효과
㉯ 펠티에 효과
㉰ 톰슨 효과
㉱ 핀치 효과

㉯

2-74 용접방식 중 저항 용접에 속하는 것은?

㉮ 프로젝션 용접
㉯ 금속 아크 용접
㉰ 가스 용접
㉱ 단접

㉮

2-75 열전대 접점의 용접에 적합한 용접방법은?

㉮ 아크 용접 ㉯ 점 용접
㉰ 심 용접 ㉱ 산소 용접

㉯

2-76 아크 용접에 쓰이는 가스는?

㉮ 산소 ㉯ 질소
㉰ 수소 ㉱ 아르곤

㉱

2-77 알루미늄, 마그네슘의 용접에 가장 적당한 용접방법은?

㉮ 저항 용접 ㉯ 유니언 멜트 용접
㉰ 원자 수소 용접 ㉱ 불활성가스 용접

㉱

2-78 용접부의 비파괴 검사로서 적당하지 않은 방법은?

㉮ 자기검사 ㉯ 충격검사
㉰ X선 투과시험 ㉱ 초음파 탐상시험

해설 충격검사는 파괴검사에 해당되는 것이다.

㉯

2-79 다음 가열방법 중 직접 직류 전원을 사용할 수 없는 가열방법은?

㉮ 저항 가열 ㉯ 아크 가열
㉰ 유도 가열 ㉱ 적외선 가열

㉰

2-80 고주파 유도 가열에 쓰이는 주파수는?

㉮ 5~20 kHz ㉯ 50~200 kHz
㉰ 0.5~20 MHz ㉱ 5~20 MHz

㉮

2-81 금속의 열처리는 다음 어느 가열방법이 가장 적당한가?

㉮ 적외선 가열 ㉯ 유도 가열
㉰ 유전 가열 ㉱ 아크 가열

㉯

2-82 도체에 고주파 전류를 통하면 전류가 표면에 집중하는 현상이고, 금속의 표면 열처리에 이용하는 효과는?

㉮ 제벡 효과 ㉯ 톰슨 효과
㉰ 핀치 효과 ㉱ 표피 효과

해설 전류가 도체 표면에 존재하므로 표면에서 발생한 표면 열처리를 한다.

㉱

2-83 강재의 표면 담금질에 보통 사용하는 가열방식은?

㉮ 저항 가열 ㉯ 아크 가열
㉰ 유전 가열 ㉱ 유도 가열

㉱

2-84 고주파 가열방식에서 유도 가열의 용도는?

㉮ 금속의 열처리 ㉯ 목재의 건조
㉰ 목재의 접착 ㉱ 금속의 용접

㉮

2-85 고주파 유전 가열에 쓰이는 주파수가 가장 적당한 것은?

㉮ 0.5 kHz~1.0 MHz ㉯ 1 kHz~1.5 MHz
㉰ 1 MHz~20 MHz ㉱ 200 MHz~1000 MHz

㉰

2-86 유도 가열과 유전 가열의 성질이 같은 것은?

㉮ 도체만을 가열한다. ㉯ 선택 가열이 가능하다.
㉰ 직류 사용할 수 없다. ㉱ 절연체만을 가열한다.

㉰

2-87 내부 가열에 적당한 전기 건조 방식은?

㉮ 전열 건조 ㉯ 고주파 건조
㉰ 적외선 건조 ㉱ 자외선 건조

㉯

2-88 다음 중 고주파 유전 가열에 부적당한 것은?

㉮ 목재의 건조 ㉯ 목재의 접착
㉰ 비닐막의 접착 ㉱ 금속 표면 처리

㉱

2-89 비닐막 등의 접착에 주로 사용되는 가열방식은?

㉮ 저항 가열 ㉯ 적외선 가열
㉰ 유도 가열 ㉱ 유전 가열

㉱

2-90 목재 건조에 적합한 가열방식은?

㉮ 저항 가열 ㉯ 적외선 가열
㉰ 유전 가열 ㉱ 유도 가열

㉰

3 전기철도

제 1 장 전기 철도 전원 및 선로

1.1 전기 철도의 전기 방식

(1) 직류식

일반전력으로부터 수전하는 특별고압(22.9kV, 154kV 등)의 교류전기를 철도용 변전소 변압기에서 직류(1,500V 등)로 변환하여 전차선로에 직류전력을 공급하는 방식으로 세계 전기철도의 약 43%를 점유하고 있다.

직류방식의 특징은 전압이 낮아 절연계급을 낮출 수 있고 통신유도 장애가 없으며 경량 단거리 수송에 유리하나 운전전류가 커서 누설전류에 의한 전식 대책이 필요하다.

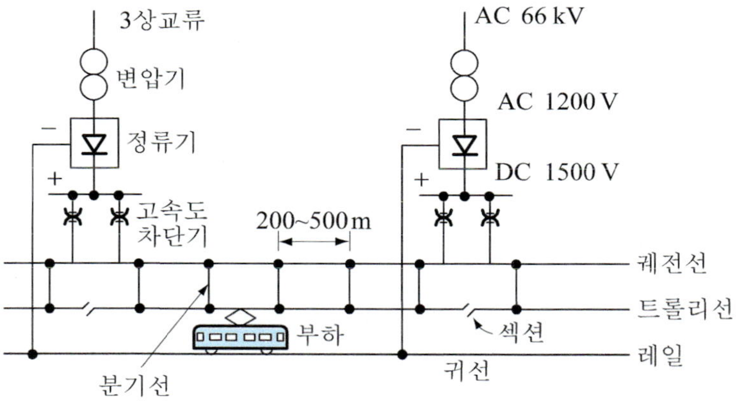

[그림 3.1] 직류식

(2) 교류식

교류방식은 전차선로에 단상교류전기(25kV, 60Hz)를 공급하여 운전하는 방식으로 세계 전기철도의 약 57%가 이 방식을 채택하고 있다. 교류방식의 특징은 대용량 중·장거리 수송에 유리하며 에너지 이용률이 높고, 사고 시 선택차단이 용이하며 전식의 우려가 없으나, 통신유도 장애대책이 필요하다.

전기방식에 따른 장, 단점이 있으나 전반적인 건설비, 유지보수비, 에너지 이용효율 등에서 교류방식이 직류방식보다 다소 우수하여 외국 및 우리나라의 경우에도 교류방식을 선택하고 있는 추세에 있다. 도시 및 지역특성에 따라 직류방식도 선택되고 있다.

① 흡상변압기(BT) 급전방식

BT(Booster Transformer) 급전방식은 약 4[km]마다 흡상변압기를 설치하여 레일에 흐르는 귀선 전류를 부궤전선에 흡상시켜 전차선 전류에 의한 통신선의 유도 장해를 감소시켜 주는 급전방식이다. 변전소 간격은 약 30[km] 간격으로 시설하여 사용되고 있다.

② 단권변압기(AT) 급전방식

AT(Auto-Transformer) 급전방식은 대용량 열차부하에서도 전압변동, 전압 불평형이 적어 안정된 전력공급이 가능하며 레일에 흐르는 전류는 차량을 중심으로 각각 반대방향의 AT쪽으로 흐르기 때문에 근접 통신선에 대한 유도장애가 적게 되는 장점이 있다. 변전소 간격은 40~100[km] 정도로 한다.

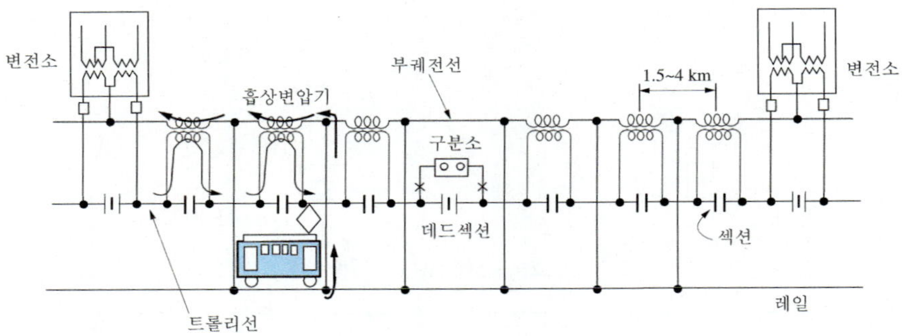

(a) 흡상변압기 방식

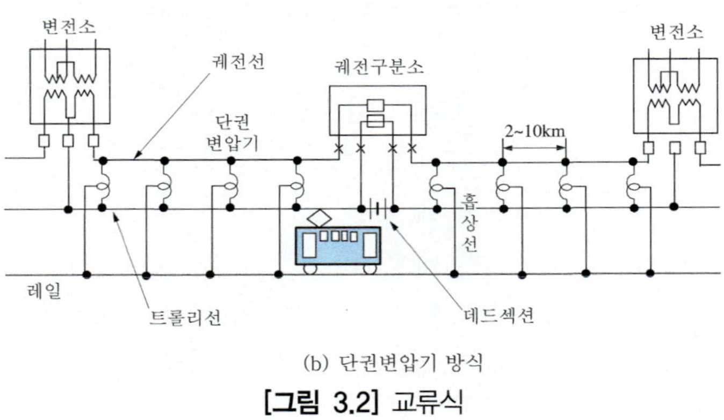

(b) 단권변압기 방식

[그림 3.2] 교류식

1.2 선로의 구성

(1) 궤도 (Track)

궤도는 노반 위에 도상을 일정 두께로 시설하고 그 위에 침목, 레일을 설치한 것을 말하며 레일(Rail), 침목(Sleeper), 도상(Ballast)의 3요소로 구성된다.

① 레일 (Rail)

그림 3.3과 같은 단면을 가지고 있으며, 차륜의 플랜지(Flange)와 답면으로부터 받은 횡압력과 수직압력을 지지하여 차량을 안정하게, 그리고 고속으로 운전할 수 있도록 안내한다.

재질은 일반적으로 **탄소강**을 사용하며, 모양은 T형, 구형, 단형 등 3종류가 있다. 일반적으로 T형을 많이 쓰며, 노면궤도와 같이 매입되는 경우의 곡선부분, 교차부분에는 구형 또는 단형이 쓰인다.

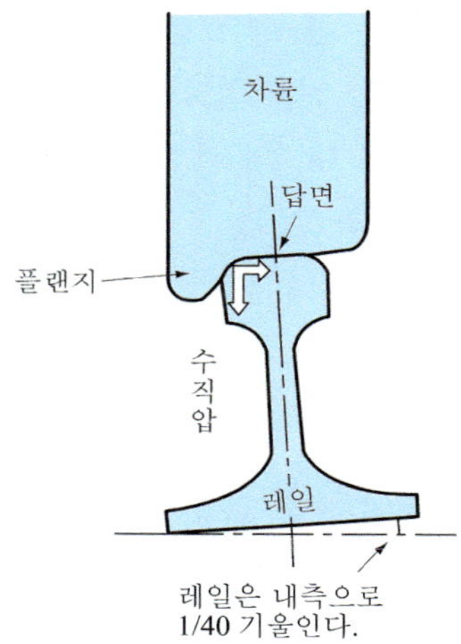

[그림 3.3] 레일과 차륜의 단면도

② 침목 (Sleeper)

레일의 궤간을 정확하게 유지하고 레일의 상하, 좌우 요동을 막으며, 차량의 하중을 분산하는 역할을 한다. 재질은 밤나무, 회나무와 같은 단단한 나무를 사용하였으나, 근래에 와서는 **PS 콘크리트**(Prestressed Concrete)로 바뀌고 있다. 콘크리트를 사용할 때는 레일과 침목 사이에 방진고무(Gum Bed)를 넣어 충격에 의한 콘크리트의 파괴를 방지하고 동시에 레일의 누설전류를 억제한다.

[그림 3.4] 침 목

③ **도상** (Ballast)

도상은 노반 위에 쇄석 등을 깔거나 콘크리트를 사용하여 단단한 노반과 침목 사이에서 선로에 적당한 탄성을 주는 작용을 한다. 전기 철도에서는 레일이 운전전류나 신호전류의 회로가 되기도 하므로 도상은 배수를 잘하고 대지와 레일 간의 누설저항을 크게 하는 역할을 한다. 대지와 레일 간 또는 좌우 레일 간에 요구되는 누설 컨덕턴스는 선로의 상황에 따라서 크게 변동된다.

(2) 궤간 (Gauge)

레일 두부로부터 아래쪽 16 mm 되는 지점에서 상대편 레일 두부의 동일 지점까지의 최단거리를 말한다. 1435 mm의 궤간을 **표준궤간**(Standard Gauge)이라 하고, 그 이상의 것을 **광궤**(Broad Gauge), 그 미만의 것을 **협궤**(Narrow Gauge)라 한다.

(3) 유간 (Clearance)

온도차에 의한 신축을 고려하여 이음매에 두는 10 mm 정도의 틈을 유간이라 한다. 최근에는 용접으로 이음매 수를 줄여 승차감을 좋게 하고, 레일이나 차량의 진동을 줄여서 수명을 길게 한다.

1.3 곡선궤도 및 구배

(1) 곡선의 표시법

① 각도로 나타내는 방식

그림 3.5와 같이 중심점에서 레일의 중심선이 20 m의 현을 이루는 각도 θ로 표시한다.

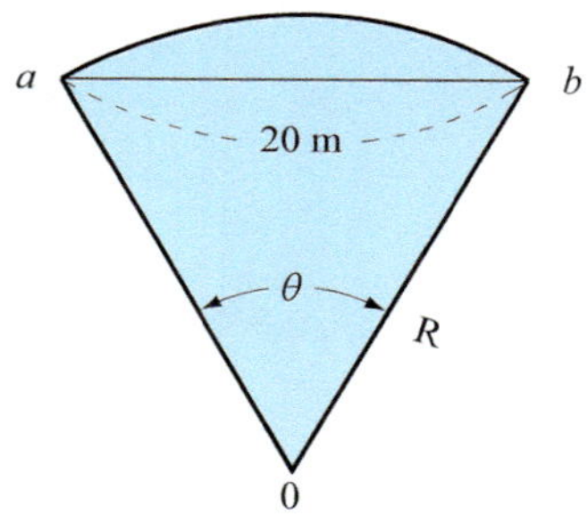

[그림 3.5] 곡선의 각도

② 반지름으로 나타내는 방식

레일의 중심을 이루는 원호의 반지름 R로 표시한다.

$$\therefore\ R \fallingdotseq \frac{1146}{\theta}[\mathrm{m}] \tag{3.1}$$

(2) 곡선의 종류

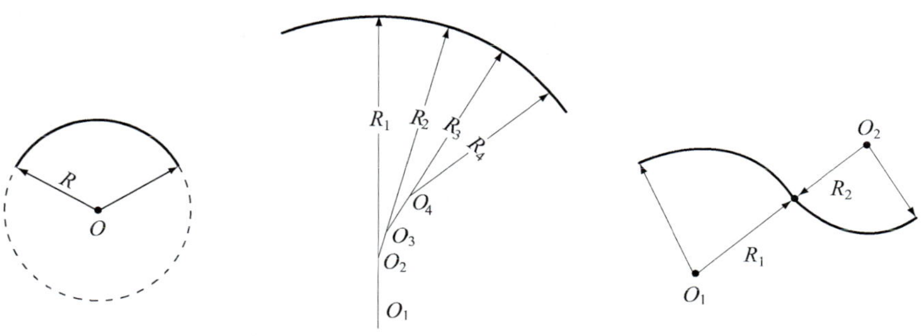

(a) 단곡선 (b) 완화곡선 (c) 반향곡선

[그림 3.6] 곡선의 종류

① 단곡선 (Simple Curve)

반지름이 일정한 1개의 원호로 된 곡선이다.

② 완화곡선 (Transition Curve)

2개 이상의 원호, 즉 반지름이 다른 원호로 되어 있다. 직선 부분에서 갑자기 곡선으로 들어가면 열차에 충격을 주게 되므로 그림 3.6 (b)와 같이 곡선 입구의 반지름은 크게 하고 차차 반지름을 작게 한다.

③ 반향곡선 (Reverse Curve)

S자형의 곡선을 말한다.

(3) 캔트 (Cant)

차량의 탈선을 방지하기 위해 곡선 레일의 외측을 내측보다 어느 정도 높게 한다. 이 내 · 외측 레일의 고저차를 **캔트** 또는 **고도**라 한다.

$$\text{캔트} : h = \frac{G V^2}{127R} [\text{mm}] \tag{3.2}$$

여기서, V : 평균속도(km/h), G : 궤간(mm), R : 곡선 반지름(m)

(4) 슬랙 (Slack)

곡선부분 주행 시 차륜의 플랜지와 레일 사이에 심한 마찰이 생긴다. 즉, 레일의 손상을 막고 탈선을 방지하기 위해 곡선부 궤간을 직선부 궤간보다 넓게 하는 정도를 **슬랙** 또는 **확도**라 한다. 슬랙은 곡선의 반지름에 따라 다르나 30 mm가 한도이다.

$$S = \frac{l^2}{8R} [\text{mm}] \tag{3.3}$$

여기서, R : 곡선로의 반지름 (m), l : 고정자 축 거리 (m)

(5) 구배 (Grade)

① 분수법

$\tan\theta = y/x$ 로 표시한다.

② 백분율법

수평거리 100 m 당 높이를 백분율(%)로 나타낸다.

③ 천분율법

수평거리 1,000 m 당 높이를 천분율(‰)로 나타낸다.

(6) 선로의 분기

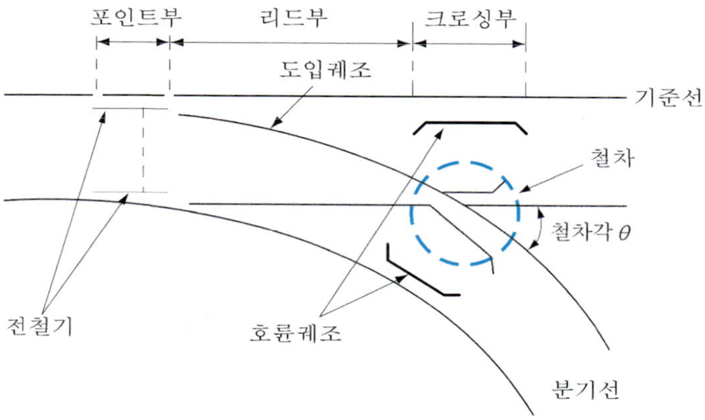

[그림 3.7] 선로의 분기

① 분기기

㈎ 전철기 (Point) : 차륜을 하나의 궤도에서 다른 궤도로 유도하는 장치

㈏ 철차 (Crossing) : 궤도를 분기하는 장치

㈐ 도입궤조 (Lead Rail) : 전철기와 철차 사이를 연결하는 곡선궤조

㈑ 호륜궤조 (Guard Rail) : 철차의 반대쪽에 설치하여 차륜을 바른 방향으로 유도하는 궤조

② 철차번호

철차부에서 기준선과 분기선 사이에 각도를 두는데 그 정도를 철차번호로 나타낸다.

$$\text{철차번호} : N = \frac{1}{2}\cot\frac{\theta}{2} \fallingdotseq \cot\theta \tag{3.4}$$

여기서, θ : 철차 각

철차번호 N 이 클수록 철차 각 θ는 작아지므로, 도입궤조 곡선은 길고 완만하여 차량운전이 원활하게 된다.

예제 1

시속 40 km/h 의 열차가 표준궤간의 곡선궤도를 주행할 때 캔트가 13.4 mm였다면 곡선 반지름은?

풀이 고도 $h = \dfrac{GV^2}{127R}$ mm에서

$$R = \frac{GV^2}{127h}$$

$$= \frac{1435 \times 40^2}{127 \times 13.4}$$

$$= 1349 \text{ m}$$

예제 2

궤간 1m이고, 반지름이 1,270 m의 곡선궤도를 64 km/h 로 주행하는데 적당한 고도는 몇 mm인가?

풀이 $h = \dfrac{GV^2}{127R}$

$$= \frac{1000 \times 64^2}{127 \times 1270}$$

$$= 25.4 \text{ mm}$$

연습 문제

1. 전기 철도의 전기방식에 대해 설명하여라.

2. 궤도의 구성요소 3가지에 대해 설명하여라.

3. 다음 용어를 설명하여라.

   ① 고도

   ② 확도

   ③ 도입궤조

   ④ 호륜궤조

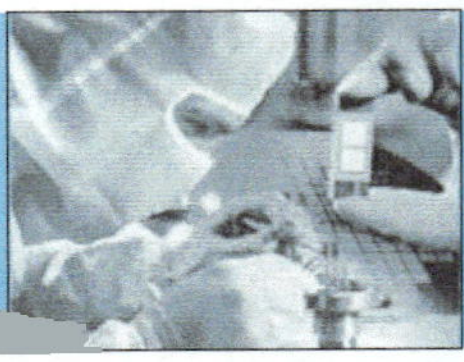

제 2 장 전기운전설비

2.1 가공 전차선

전기차의 집전장치와 접촉하여 전동기에 전력을 공급하는 가공전선을 말하며, **트롤리선**(trolley wire)이라고도 한다. 주행 중 트롤리선과 집전장치와의 접촉이 이탈할 수 있으며 이를 **이선**(Loss Contact)이라 하고, 이선의 정도를 **이선율**이라 한다.

$$\text{이선율} = \frac{\text{이선시간}}{\text{실운전시간}} \times 100\% \tag{3.5}$$

보통 이선율은 3% 이내로 하는 것이 이상적이며, 이것이 커지면 가공선과 팬터그래프의 습동판(Contact Strip) 또는 슬라이더(Slider)와의 사이에 아크나 불꽃이 생겨 전기적 마모가 매우 커진다. 가공선은 외기 온도차에 의해서 신축하므로 항상 장력이 일정하도록 하는 자동장력 조정장치(Automatic Tension Device)를 설치한다.

2.2 전차선의 가선법

(1) 가공식 (Overhead System)

① 직접 조가식 (Direct Suspension System)

트롤리선을 직접 이어(Ear : 트롤리선을 지지하는 금속)로 가선하는 것인데 이도가 크며, 고속으로 되면 이선이 발생하여 전기적 마모가 생기기 쉽다. 최근에는 노면 전차에도 별로 사용되지 않는다.

② 커티너리 조가식(Catenary Suspension System)

행거 등으로 일정한 간격마다 트롤리선을 지지하는 방식이며, 직접 조가식에 비해 구조는 복잡하지만 이선율이 적어 고속운전에 적합하다.

그 종류로는 단식 커티너리(Simple Catenary), 복식 커티너리(Compound Catenary), 2중 커티너리(Double Catenary), 변형 Y형 커티너리(Stitched Catenary), 합성 콤파운드 커티너리(Composite Type Catenary) 등이 있으며, 이의 형태를 다음 그림 3.8에 나타내었다.

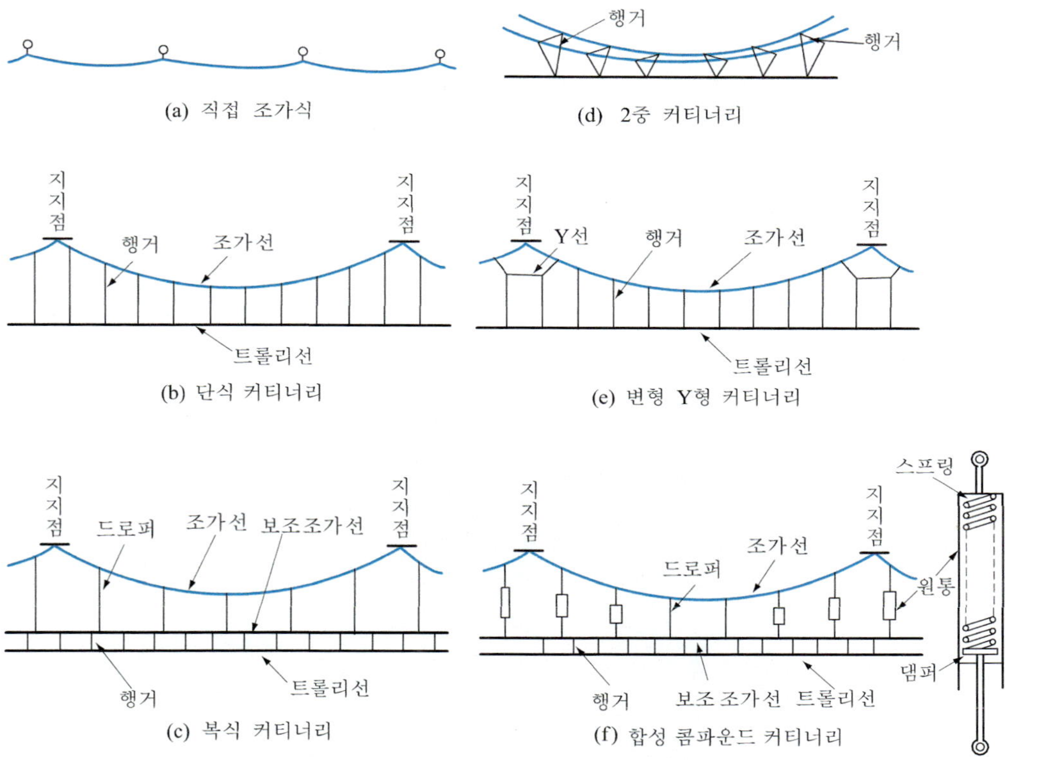

[그림 3.8] 전차선 가선법

(2) 강체식(Rigid System)

전차선을 강체에 고정한 것으로 지하구간 및 터널 등의 천장에 애자로 절연하고 알루미늄 합금 또는 도전강으로 된 T형의 도체를 설치하여 그 밑에 이어(Ear) 등으로 강체 전차선을 조가하는 방식이다. 그림 3.9에 그 형태를 나타내었다.

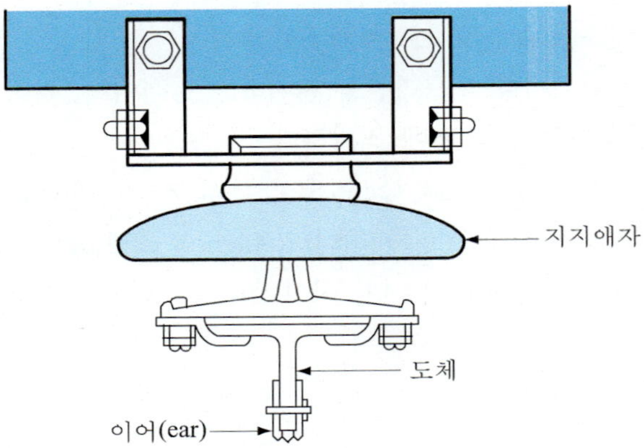

[그림 3.9] 강체식

(3) **제3궤조식** (Third Rail System)

궤도의 측면에 설치된 급전용 레일로부터 전차에 전기를 공급하고 주행 레일을 귀선으로 사용하는 방식이다. 구조가 간단하며 터널 내의 높이 등의 문제로 가공선을 설치할 수 없는 곳에 사용된다. 경전철과 같은 작은 규모에 사용하며 설치, 유지비가 저렴하다. 우리나라의 경우 의정부, 용인, 부산-김해 경전철, 부산도시철도 4호선 등에 쓰이고 있다.

[그림 3.10] 제3궤조식

2.3 집전장치

(1) 팬터그래프 (Pantograph)

고속, 대용량의 전차에 사용되며 그림 3.11과 같은 구조를 가진다. 습동판과 전차선은 스프링 또는 압축공기를 이용하여 5~10 kg 정도의 압력으로 접촉된다. 우리나라에서는 동작방식으로 공기상승 스프링 하강식을 채용한다.

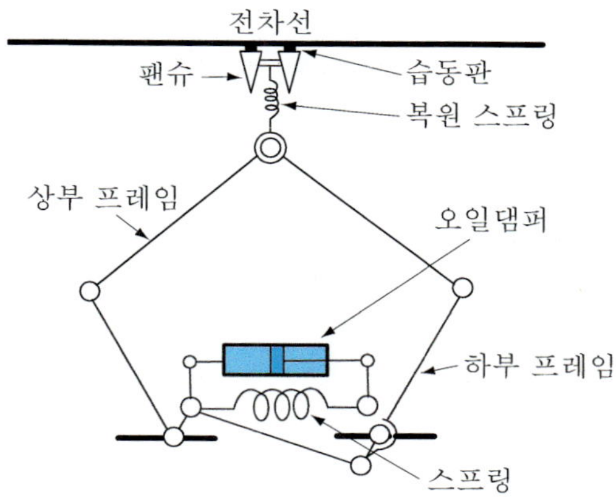

[그림 3.11] 팬터그래프

(2) 트롤리봉 (Trolley Pole)

구조가 간단하고 저속의 소용량 전차 또는 무궤도 전차에 사용된다.

(3) 뷔겔 (B ü gel)

활 모양의 집전장치로서 스프링의 힘으로 습동판과 트롤리선을 접촉한다. 접촉압력은 5~7 정도이다.

(4) 집전화 (Current Collective Shoe)

제3궤조 방식의 집전장치로서 주철 또는 주강으로 된 습동판이 대차의 하면부에 부착되어 10~20 kg 정도의 스프링 압력으로 레일에 접촉시켜 집전한다.

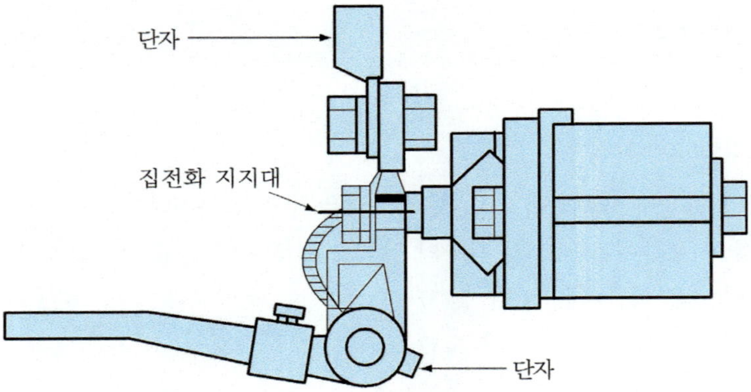

[그림 3.12] 집전화

2.4 전기 차량

(1) 성능에 의한 종별

① 전기 기관차(Electric Locomotive)

전동기를 갖추고 있으며, 다수의 부수차로 된 열차를 견인한다.

② 전동차(Motor Car)

전동기를 갖추고 있으며, 단독 또는 다른 차량을 연결하여 승ㆍ객 또는 화물을 수송한다.

③ 제어차(Control Car)

전동기는 없으나 제어기나 운전실이 있어 동일 열차의 전동차를 제어한다.

④ 부수차(Trailer Car)

전동기와 제어장치가 없는 객차, 화차를 말한다.

(2) 대차(Truck)의 종류에 의한 차량

① 4륜차(Four-wheel Car)

단차(Single Truck Car)라고도 하며, 1개의 대차 위에 차체를 고정한 것이다.

② 보기차(Bogie Car)

대차가 2대, 즉 차축이 4개이며, 차축이 6~8개인 것도 있다. 커브 부분에서 원활하게 주행되며, 최근 대부분 전기차는 모두 이 형식을 채용하고 있다.

③ 연결차 (Articulated Car)

2대의 차체가 1대의 대차를 공유하고 있는 차량을 말한다. 이로 인해 두 차량을 분리할 수 없으나 대차의 수를 줄일 수 있으므로 전체의 중량이 경감되고 때문에 가속도와 속도를 증가시킬 수 있다. 또 보수비가 적고, 가격이 싸다.

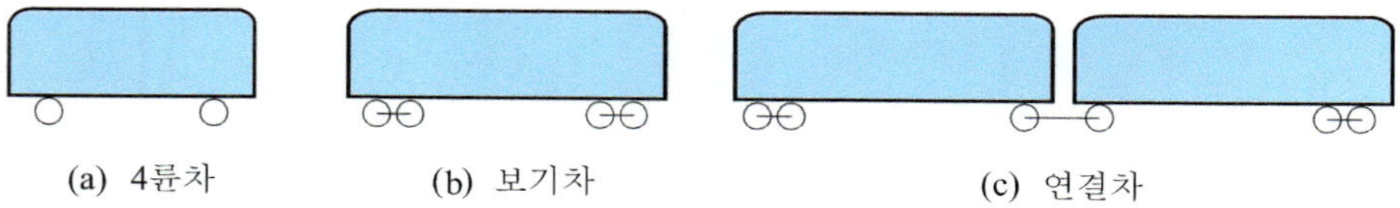

[그림 3.13] 대차의 종류에 의한 차량

2.5 전식 (Electrolytic Corrosion)

(1) 전식

레일의 접속부분의 저항이 높으면 레일을 흐르는 전류가 대지로 누설하여 부근의 수도, 가스관, 케이블 등의 지하 매설물을 통하여 흐르게 된다.

이러한 누설전류로 인하여 지중 매설물에 전해작용이 일어나 부식되는 현상을 **전식**이라고 한다.

전식량 M은 패러데이의 법칙에 의하여 다음과 같이 나타낸다.

$$M = Zit[\mathrm{g}] \tag{3.6}$$

여기서, Z : 전기화학당량 (g/c)

I : 전류 (A)

t : 시간 (s)

예제 3

지중매설 아연판에 평균전류 1 mA 를 1년간 흘렸을 때 전해량은 몇 g 인가? (단, 아연의 전기화학당량은 0.3388 mg / C)

풀이 $M = Zit$

$= 0.3388 \times 10^{-3} \times 1 \times 10^{-3} \times 365 \times 24 \times 60 \times 60$

$= 10.7\text{g}$

(2) 전식 방지법

전식을 방지하는 방법에는 전철 측에서의 방법과 매설 금속체측 속에서의 방법이 있다.

① 전철측 방법

(가) 전차선 전압을 승압한다.

(나) 변전소 간격을 단축한다.

(다) 대지에 대한 레일의 절연저항을 크게 한다.

② 매설 금속체측 방법

(가) 매설 금속의 배류점과 레일을 전기적으로 접속해서 전식을 방지하는 방법.

(나) 매설 금속의 표면 또는 접속부를 절연하는 방법.

(다) 매설 금속을 도전체로 차폐하는 방법.

연습 문제

1. 교류계통에서 스코트결선을 하는 이유와 흡상변압기를 쓰는 이유를 설명하여라.

2. 커티너리 조가식에 대해 설명하여라.

3. 팬터그래프에 대해 설명하여라.

4. 전식에 대해 설명하여라.

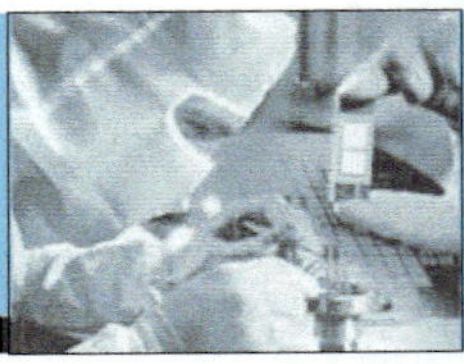

제 3 장 열차 운전

3.1 열차저항

열차저항(Train Resistance)은 열차를 견인하여 주행하는 경우의 저항의 총칭으로, 이것을 분류하면 ① 출발저항 ② 주행저항 ③ 구배저항 ④ 곡선저항 등이 있다.

(1) 출발저항 (Starting Resistance)

정지하고 있는 열차가 출발 시 발생하는 저항을 말하며, 차량의 종류, 정차시간의 길이, 외기 온도에 따라 다르다. 출발저항의 일반 공식은

$$F_s = 8 - 1.5\,V + 0.093\,V^2 \text{ [kg/t]} \qquad (3.7)$$

여기서, V : 열차속도(km/h)

(2) 주행저항 (Running Resistance)

차량이 평탄한 직선로를 주행할 때 나타나는 저항이며, 기계적 저항과 공기저항의 합으로 나타난다.

기계적 저항과 공기저항을 합한 주행저항의 공식은 단차의 경우 다음 식과 같다.

$$F_r = a + b\,V + \frac{c\,A\,V^2}{W} \text{ [kg/t]} \qquad (3.8)$$

여기서, V : 열차속도 (km/h)

A : 차량 단면적 (m^2)

W : 차량 중량 (t)

a, b, c : 차량 종류에 따른 계수

열차 운전의 경우에는

$$F_r = a + bV + \frac{CAV^2}{W}\{1 + 0.1(n-1)\}\ [\text{kg/t}] \tag{3.9}$$

이상의 공식은 암스트롱(Armstrong) 공식인데 일반적으로 사용되는 상수를 넣으면,

$$F_r = \frac{24}{\sqrt{W}} + 0.0093V + \frac{0.0038AV^2}{W}\{1 + 0.1(n-1)\}[\text{kg/t}] \tag{3.10}$$

(3) 구배저항 (Grade Resistance)

열차가 구배를 주행할 때 발생하는 저항을 구배저항이라고 말하며, 다음 그림 3.14에서 경사면을 올라갈 때 아래로 $W\sin\alpha$의 힘이 작용하며 올라갈 때는 그만큼의 견인력이 필요하다. 경사면의 천분율을 m [‰]으로 나타내면

$$\tan\theta = \frac{m}{1000}$$

이다. 차량 1 t 당 구배저항 f_g [kg/t]는

$$F_g = \frac{1000\,W\sin\theta}{W} \fallingdotseq 1000 \times \tan\theta$$

$$= 1000 \times \frac{m}{1000} = m\,[\text{kg/t}] \tag{3.11}$$

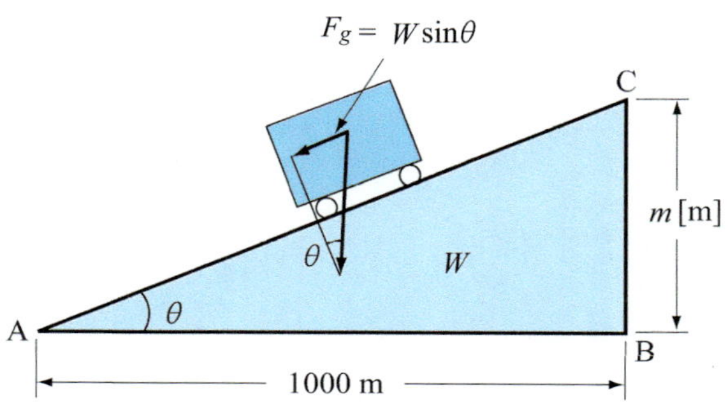

[그림 3.14] 구배저항

(4) 곡선저항 (Curve Resistance)

곡선부분에서 차륜과 레일의 마찰에 의해서 생기는 저항으로 곡선 반지름, 캔트(Cant), 슬랙(Slack), 속도, 중량 등 여러 요인에 의해 좌우된다.

$$F_c = \frac{600 \sim 800}{r} \text{ [kg/t]} \tag{3.12}$$

여기서, r : 곡률 반지름

3.2 가속력

열차를 가속하는 데는 관성에 맞서 이겨낼 힘을 가해야 한다. 이와 같이 가해야 할 힘과 크기가 같고 방향이 반대로 되는 힘을 가속력(가속저항)이라 한다. 무게가 W[t]이고, 가속도 a [km/h/s]이면, 가속저항 F_a는 다음과 같다.

$$F_a = \frac{1000\,W}{9.81} \times \frac{1000}{3600} a = 28.35\,a\,W \text{[kg]} \tag{3.13}$$

그러나 실제로는 기어 및 차륜 등과 같이 회전부분이 있어 직선 가속도와 동시에 회전가속도도 공급할 필요가 있으므로 그만큼 중량이 무거워진 것으로 취급한다. 이 중량 증가분을 관성중량이라 한다. 즉, 가속저항 F_a'는 다음과 같이 된다.

$$F_a = 28.35\,(1 + x)\,a\,W \text{ [kg]} \tag{3.14}$$

여기서, x 는 관성계수 (전동차 = 0.1, 전기기관차 = 0.12,
부수차 = 0.06, 객화차 = 0.05, 일반열차 = 0.06)

따라서 가속저항 F_a는 다음과 같다.

$$\text{전동차} : F_a = 31a\,W \text{ [kg]} \tag{3.15}$$

$$\text{부수차} : F_a = 30a\,W \text{ [kg]} \tag{3.16}$$

3.3 견인력과 열차저항

가속저항을 빼면 열차저항(F_t)은 주행저항(F_r)과 구배저항(F_g), 곡선저항(F_c)의 합이다.

$$F_t = F_r \pm F_g + F_c$$

열차저항 F_t에 대해서 전동기의 견인력을 T라고 하면 T와 F_t의 어느 쪽이 큰가에 따라 다음과 같은 관계가 있다.

$T > F_t$ 가속 (Acceleration)

$T < F_t$ 감속 (Retardation)

$T = F_t$ 등속 (Constant Speed)

견인력 T는 열차저항(F_t)과 가속저항(F_a)의 합으로 나타낸다. 즉,

$$T = F_t + F_a$$

전동차의 경우는

$$T - F_t = F_a = 31\,a\,W$$

$$a = \frac{T - F_t}{31\,W} \tag{3.17}$$

부수차의 경우는

$$a = \frac{T - F_t}{30\,W} \tag{3.18}$$

일반적인 열차 운전에서는

$$a = \frac{T - F_t}{31\sum W_m + 30\sum W_t} \tag{3.19}$$

여기서, $\sum W_m$: 전동차 또는 기관차의 총중량 (t)

$\sum W_t$: 부수차의 총중량 (t)

3.4 점착계수와 최대 견인력

차륜과 레일 사이의 마찰계수, 즉 점착계수(Adhesive Coefficient) μ와 차륜에 걸리는 중량, 즉 점착중량(Adhesive Weight) W_a, 차륜이 공회전하지 않고 낼 수 있는 최대 견인력, 즉 점착인장력(Adhesive Tractive Force) T_m과의 사이에는 다음 식이 성립한다.

$$T_m = 1000\mu W_a \text{ [kg]} \tag{3.20}$$

점착계수 μ는 레일의 상태, 열차속도, 일기에 의해 좌우되며 표 3.1에 여러 경우의 점착계수를 나타내었다.

[표 3.1] 점착계수

상 태	보통 경우	모래 살포 경우
맑고 건조 시	0.25~0.30	0.35~0.40
습기 있는 레일	0.18~0.20	0.22~0.25
습기 있고 기름 부착	0.15~0.18	0.20~0.22
눈보라 칠 때	0.15	0.20
건조한 눈이 내릴 때	0.10	0.15

예제 4

전동기 5대를 가진 전 중량 30 t 의 전동차가 있다. 그 차륜 답면에 생기는 전 견인력이 2,040 kg 이라 한다. 기동하고 15초 후의 이 전동차의 속도와 그간의 주행거리를 구하여라. (단, 열차저항은 6 kg / t이고, 전동차에 1 km/ h/ s 의 가속도를 주는데 요하는 힘은 1 t 당 31 kg 이라고 한다.)

풀이 열차저항은 $F_t = 6 \times 30 = 180\text{kg}$ 전동차이므로 가속력 $F_a = 31aW$

$$\therefore\ a = \frac{T - F_t}{31W} = \frac{2040 - 180}{31 \times 30} = 2\,\text{km/h/s}$$

15초 후의 속도 $V = at = 2 \times 15 = 30\,\text{km/h}$

15초간의 주행거리 $L = \frac{1}{2}Vt = \frac{1}{2} \times 30 \times 15 \times \frac{1000}{3600} = 62.5\,\text{m}$

3.5 제동

(1) 감속도와 제동력

제동력에 의한 감속도를 **제동도**라 하고, 감속도 b 는 가속도 a 의 반대이며, 제동력 F_b 는 전동차인 경우 다음과 같다.

$$F_b = 31bW[\mathrm{kg}]$$

$$\therefore\ b = \frac{F_b}{31W}[\mathrm{km/h/s}] \tag{3.21}$$

일반적인 열차저항에서는 부수차가 있는 열차저항(F_t)을 고려하여

$$b = \frac{F_b + F_t}{31\sum W_m + 30\sum W_t}[\mathrm{km/h/s}] \tag{3.22}$$

여기서, $\sum W_m$: 전동차 또는 기관차의 총중량 (t)
$\sum W_t$: 부수차의 총중량 (t)

제동력(F_b)의 최대값은 W_a를 t 로 표시하면,

$$F_b = \mu_f P = 1000\mu W_a[\mathrm{kg}] \tag{3.23}$$

여기서, μ_f : 브레이크편과 차륜 사이의 마찰계수 P : 브레이크편 압력
μ : 차륜과 궤조 사이의 마찰계수 W : 차량 중량 (t)

(2) 제동시간과 제동거리

① 제동시간

속도 V[km/h]의 열차에 감속도 b[km/h/s]의 브레이크를 걸면 t[s] 후에 정지한다.

$$t = \frac{V}{b}[\mathrm{s}] \tag{3.24}$$

② 제동거리

브레이크를 걸었을 때, 정지할 때까지의 주행거리는 감속도가 일정하고, 주행거리를 L [m], 속도를 V [km/h], 시간을 t [h]라 하면,

$$L = \frac{1}{2}\ Vt = \frac{1}{2} \cdot \frac{1000}{3600} Vt$$

$$= \frac{1}{7.2} Vt = \frac{1}{7.2}\frac{V^2}{b}[\mathrm{m}] \tag{3.25}$$

또, 열차가 보유하는 운동에너지 E는

$$E = \frac{1}{2} m V^2 \tag{3.26}$$

F_b [kg]의 제동력으로 L [m]를 달린 후 정지하면 그간의 일의 양은

$$W = F_b L \tag{3.27}$$

식 (3.26)과 (3.27)은 같으므로 제동거리는

$$L = \frac{1}{2}\frac{mV^2}{F_b}[\mathrm{m}] \tag{3.28}$$

다만, E는 앞에서도 설명한 바와 같이 회전부분의 에너지도 포함하여야 하므로 계산할 때 10% 증가시켜야 한다. 즉,

$$E = \frac{1}{2}\frac{W \times 1000}{9.81} \times \left(\frac{1000}{3600}\right)^2 V^2 \times 1.1$$

$$= 4.3\, W V^2\, [\mathrm{kg \cdot m}] \tag{3.29}$$

식 (3.27)과 (3.29)는 같으므로

$$L = 4.3 \frac{W V^2}{F_b}[\mathrm{m}] \tag{3.30}$$

여기서, W : 중량 (t), V : 속도 (km/h), F_b : 제동력 (kg)

예제 5

중량 30 t, 60 km/h 의 속도로 주행하는 전동차에 공전이 일어나지 않을 정도로 브레이크를 걸어 정차를 하였다. 브레이크편 압력 P 와 제동거리 L 을 구하여라. (단, $\mu = 0.2$, $\mu_f = 0.2$ 이다.)

풀이 이용할 수 있는 최대 제동력은

$$F_b = 1000\mu W = 1000 \times 0.2 \times 30 = 6000\ kg$$

$$L = 4.3\frac{W V^2}{F_b} = \frac{4.3 \times 30 \times 60^2}{6000} = 77.5\,\mathrm{m}$$

전 브레이크편 압력 P

$$P = \frac{F_b}{\mu_f} = \frac{6000}{0.2} = 30000\,\mathrm{kg}$$

3.6 전동기 출력

어느 순간의 열차의 속도와 전동기가 발생하는 견인력으로 전동기의 출력을 구하면 다음 식과 같다. 일은 힘과 거리의 곱, 또는 출력과 시간의 곱으로 나타낼 수 있으므로,

$$Pdt = Tds$$

여기서, P : 출력 (kg·m/s)

T : 견인력 (kg)

dt : P 가 작용한 미소한 시간(s)

ds : T 에 의한 변위

$$\therefore\ P = T\frac{ds}{dt} = TV\ [\mathrm{kg \cdot m/s}]$$

여기서, V : 속도 (m/s)

1 kW ≒ 102 kg · m/s 이므로, 속도를 V [km/h]라고 하면 출력 P [kW]는

$$P = TV\frac{1000}{3600} \times \frac{1}{102}$$
$$= \frac{TV}{367}[\text{kW}] \tag{3.31}$$

만일 T가 열차의 소요 견인력이고, 전동기 대수를 N대, 전력 전달 장치의 효율을 η라 하면 1대당 전동기 출력은 다음 식과 같다.

$$P = \frac{TV}{367N\eta}[\text{kW}] \tag{3.32}$$

예제 6

총 중량이 30 t이고, 전동기 4대를 가진 전동차가 2 % (20 ‰)의 직선 궤도를 올라가고 있다. 속도 30 km / h, 가속도 1 km/h/s 라면 각 전동기의 출력은 얼마인가? (단, 주행저항은 6 kg / t, 동력전달효율은 0.95)

풀이 전 열차저항 $F_t = (6+20)30 = 780$ kg

가속에 요하는 힘은 $31aW = 31 \times 1 \times 30 = 930$ kg

∴ 견인력 $T = F_t + 31aW = 1710$ kg

식 (3.33)로부터

$$P = \frac{1710 \times 30}{367 \times 4 \times 0.95} = 36.8 \text{ kW}$$

3.7 열차속도

(1) 평균속도 (Mean Speed)

두 정거장 간의 거리를 정차시간을 제외한 순수 운전에 소요된 시간으로 나눈 것이다.

$$\text{평균속도}(V_m) = \frac{\text{주행거리}(S)}{\text{주행시간}(T)} \tag{3.33}$$

(2) 표정속도 (Schedule Speed)

출발점에서 종착역까지의 전 거리를 이것에 소요된 시간, 즉 중간 정차시간을 포함한 시간으로 나누는 것이다.

$$표정속도(Vs) = \frac{주행거리}{주행시간 + 정차시간}$$

$$= \frac{(n-1)L}{(n-2)t+T} \tag{3.34}$$

여기서, n : 정거장 수

L : 정거장 간격

t : 정차시간

T : 주행시간

표정속도를 크게 하려면 정차시간을 짧게 하고 가속도 및 감속도를 크게 하여 주행시간을 짧게 한다.

연습 문제

1. 열차저항에 대해 설명하여라.

2. 고도가 10 mm이고, 반지름이 1,000 m인 곡선 궤도를 주행할 때 열차가 낼 수 있는 최대 속도(km/h)는? (단, 궤간은 1,435 mm로 한다.)

3. 중량 50 t인 전동차에 3 km/h/s의 가속도를 주는 데 필요한 힘(kg)은?

4. 중량 100 t인 전기 기관차가 1/100의 경사를 내려갈 때의 경사에 대한 가속력(kg)은?

5. 40 t인 전차가 1 %의 경사를 올라가는 데 필요한 구배저항은?

6. 전동기 6대를 가진 중량 30 t의 전동차가 기동하여 10초 후에 얻은 속도와 그 사이에 통과한 거리는 얼마나 되는가? (단, 열차저항은 7 kg/t, $\mu = 0.2$ 라고 한다.)

7. 전동기 2대가 있는 총중량 30 t의 전차가 반경 1,000 m, 경사 10 ‰의 곡선궤도를 올라가고 있다. 속도는 40km/h, 가속도는 1 km/h/s이다. 이때 전동기 출력은? (단, 주행저항은 7 kg /t, 동력전달효율은 0.95이다.)

기 · 출 · 문 · 제

3-1 표준 궤간의 넓이 (mm)는?

㉮ 1235　　㉯ 1345
㉰ 1245　　㉱ 1435

㉱

3-2 우리나라에서 운행되고 있는 전기 철도의 궤간 (mm)은?

㉮ 1067　　㉯ 1372
㉰ 1435　　㉱ 1524

㉰

3-3 궤조의 탄소 함유량(%)은?

㉮ 1.3~3.0　　㉯ 5~10
㉰ 10~15　　㉱ 15~20

㉮

3-4 온도의 변화로 인한 궤조의 신축에 대응하기 위한 것은?

㉮ 궤간　　㉯ 유간
㉰ 곡선　　㉱ 확도

해설 궤간은 레일 사이의 간격을, 확도는 곡선 선로에서 궤간을 넓게 해주는 것을 말한다.

㉯

3-5 복진지(Anti-creeping)는?

㉮ 궤도가 열차의 진행 방향으로 이동함을 막는 것
㉯ 침목의 이동을 막는 것
㉰ 궤도가 열차의 진행과 반대 방향으로 이동함을 막는 것
㉱ 궤도의 진동을 막는 것

㉮

3-6 곡선부에서 원심력 때문에 차체가 외측으로 넘어지려는 것을 막기 위하여 외측 궤조를 약간 높여준다. 이 내외 궤조 높이의 차를 무엇이라 하는가?

㉮ 가이드 레일 ㉯ 슬랙
㉰ 고도 ㉱ 확도

답 ㉰

3-7 철도선로의 곡선 부하에 안쪽 레일과 바깥쪽 레일에 높이의 차를 둔다. 이것을 무엇이라 하는가?

㉮ 슬랙 ㉯ 퍼밀리지
㉰ 캔트 ㉱ 스톱

답 ㉰

3-8 곡선 궤도에 있어 고도의 최대한을 두는 이유는?

㉮ 시설이 곤란하다.
㉯ 운전속도를 제한하기 위하여
㉰ 운전의 안전을 확보하기 위하여
㉱ 타고 있는 사람의 기분을 좋게 하기 위하여

답 ㉰

3-9 궤간 G [mm]이고, 반지름이 R [m]인 곡선 궤도를 V [km/h] 속력으로 전차를 주행할 때의 고도(Cant)(mm)는?

㉮ $\dfrac{GV}{102R}$ ㉯ $\dfrac{GV^2}{102R}$

㉰ $\dfrac{GV}{127R}$ ㉱ $\dfrac{GV^2}{127R}$

답 ㉱

3-10 시속 50 km/h인 열차가 반지름 1,000 m 의 곡선 궤도를 주행할 때 고도 (mm)는? (단, 궤간은 1,067 mm로 한다.)

㉮ 11 ㉯ 21
㉰ 15 ㉱ 24

해설 $h = \dfrac{GV^2}{127R} = \dfrac{1067 \times 50^2}{127 \times 1000} = 21\,\text{mm}$

답 ㉯

3-11 궤도의 확도(Slack)는? (단, 곡선 반지름 R [m], 고정 차축 거리 l [m]이다.)

㉮ $\frac{l^2}{5R}$　　㉯ $\frac{l^2}{R}$

㉰ $\frac{l^2}{8R}$　　㉱ $\frac{l^2}{2.5R}$

해설 곡선 궤도에서 열차의 차륜(바퀴)과 레일 사이의 간격을 넓혀 주는 정도가 확도(슬랙)이다.

㉰

3-12 종곡선(Vertical Curve)은?

㉮ 곡선이 변화는 부분
㉯ 수평 궤도에서 경사 궤도로 변화하는 부분
㉰ 직선 궤도에서 곡선 궤도로 변화하는 부분
㉱ 곡선이 심히 변화하는 부분

㉯

3-13 완화 곡선(Transition Curve)이라 함은?

㉮ 단선에서 복선으로 변경하는 부분에 있다.
㉯ 직선 궤도에서 곡선 궤도로 이동하는 곳에 있다.
㉰ 곡선 궤도의 반지름이 작은 것을 말한다.
㉱ 반향 곡선의 일부분이다.

㉯

3-14 도입 궤조(Lead Rail)는?

㉮ 직선 궤조에서 곡선 궤조로 변화하는 부분의 궤조
㉯ 역 내로 도입되는 부분의 궤조
㉰ 전철기와 철차와의 사이를 연결하는 곡선 궤조
㉱ 직선 궤조에서 경사 궤조로 도입되는 부분의 궤조

㉰

3-15 직선 궤도에서 호륜 궤조를 설치하지 않으면 안 되는 곳은?

㉮ 교량의 위　　㉯ 고속도 운전 구간
㉰ 병용 궤도　　㉱ 분기 개소

㉱

3-16 철차의 번호 N과 철차각 θ 와의 관계는?

㉮ $N = \cos\theta$ ㉯ $N = \cot\theta$

㉰ $N = \frac{1}{\cos}\theta$ ㉱ $N = \cos\frac{\theta}{2}$

✎ ㉯

3-17 단상 3선식 전기 철도에서 전압 불평형을 경감하는 데 쓰이는 것은?

㉮ 단권 변압기 ㉯ 스코트 결선

㉰ 흡상 변압기 ㉱ 크로스 결선

✎ ㉯

3-18 단상 교류식 전기 철도에서 통신선에 미치는 유도 장애를 경감하기 위하여 쓰이는 것은?

㉮ 흡상 변압기 ㉯ 단권 변압기

㉰ 스코트 결선 ㉱ 크로스 본드

✎ ㉮

3-19 그림과 같은 전동차선의 조가법은 다음 중 어느 것인가?

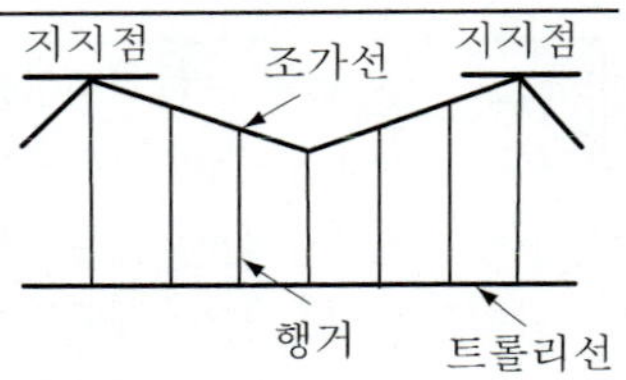

㉮ 직접 조가선

㉯ 단식 커티너리식

㉰ 변형 Y형 단식 커티너리식

㉱ 복식 커티너리식

✎ ㉯

3-20 전차선(트롤리선)의 전기적 마모 방지 방법이 아닌 것은?

㉮ 동합금선을 사용한다.

㉯ 집전자를 크게 한다.

㉰ 크래파이트를 전차선에 바른다.

㉱ 집전전류를 일정하게 한다.

✎ ㉯

3-21 우리나라 전기 철도에서 주로 사용하는 집전장치는?

㉮ 트롤리봉 ㉯ 집전화

㉰ 팬터그래프 ㉱ 뷔겔

✎ ㉰

3-22 전기 철도에서 집진장치인 팬터그래프(Pantagraph)의 습동판 압력(kg)은 대략 어느 정도인가?

㉮ 1~5
㉯ 5~11
㉰ 20~25
㉱ 30~35

㉯

3-23 열차저항의 분류에 들어가지 않는 것은?

㉮ 복선저항
㉯ 주행저항
㉰ 구배저항
㉱ 곡선저항

㉮

3-24 겨울에 전차의 비전력 소비량이 커지는 것은?

㉮ 열차운행의 무질서
㉯ 전압강하의 증대
㉰ 여객중량의 증가
㉱ 열차저항의 증가

해설 겨울에는 윤활유의 냉각으로 기동저항이 커지므로 열차저항이 증가하여 전력소비가 증가된다.

㉱

3-25 전기차가 역에서 정차해서 출발할 때 기동 견인력이 많이 필요한 이유는?

㉮ 궤도와 차륜과의 부착계수가 작아지므로
㉯ 차량의 중량이 증가하므로
㉰ 전동기의 전압이 저하하므로
㉱ 축수(Bearing)에 유막이 생기므로

㉱

3-26 중량 50 t의 전동차에 2 km/h/s 의 가속도를 주는 데 필요한 힘(kg)은?

㉮ 2100
㉯ 3100
㉰ 4100
㉱ 5100

해설 가속 저항력 $F_a = 31aW = 31 \times 2 \times 50 = 3100\ \mathrm{kg}$

㉯

3-27 중량 100 t의 전차에 3 km/h/s 의 가속도를 주기 위한 힘(kg)은?

가 9300　　나 12360
다 62700　　라 91140

해설 $F_a = 31 a W = 31 \times 3 \times 100 = 9300\ \text{kg}$

가

3-28 열차의 곡선저항에 대한 설명 중 옳은 것은?

가 열차의 중량에 반비례한다.
나 열차의 속도에 비례한다.
다 궤간에 반비례한다.
라 궤조 곡선의 반지름에 반비례한다.

라

3-29 30 t인 전차가 30/1000의 구배를 올라가는 데 필요한 견인력(kg)은? (단, 열차저항은 무시한다.)

가 90　　나 100
다 900　　라 9000

해설 경사로에서의 견인력 = 구배저항
구배저항 $F_g = g$ [kg/t], 여기서 g = 구배의 천분율(‰)이므로
견인력 $T = g \times W = 30 \times 30\ \text{t} = 900\ \text{kg}$

다

3-30 35 t인 전차가 20 ‰ 경사 궤도를 45 km/h 의 속도로 올라갈 때 필요한 견인력은 몇 kg인가? (단, 주행저항은 5 kg/t 이라 한다.)

가 700　　나 875
다 900　　라 975

해설 견인력 $= (R_r + R_g) W = \left(5 + 1000 \times \dfrac{20}{1000}\right) \times 35 = 875\,\text{kg}$

나

3-31 총중량이 30 t 이고, 전동기 4대를 가진 전동차가 20 ‰의 직선 궤도를 올라가고 있다. 지금 속도 30 km/h, 가속도 1 km/h/s 라 하면 각 전동기의 출력 (kW)은 약 얼마인가? (단, 주행저항은 6 kg/t, 기어 장치 효율은 0.95로 한다.)

가 25　　나 37
다 43　　라 51

해설 견인력 T = 열차저항 + 가속저항 $= (6+20)\times 30 + 31\times 1\times 30 = 1710$ kg

$$P = \frac{TV}{367N\eta} = \frac{1710\times 30}{367\times 4\times 0.95} = 36.8\ \text{kW}$$

나

3-32 중량 $W_g[\text{t}]$인 전기 기관차의 부착 중량 $W_0[\text{t}]$이고, 이 기관차가 각 중량 $W_c[\text{t}]$인 부수차 m 대를 운전하여 올라갈 수 있는 최대 구배는? (단, F_R 은 주행저항 (kg/t) 이고, C는 부착계수이다.)

가 $\dfrac{CW_0}{W_g + mW_c} - F_R$　　나 $\dfrac{CW_c}{W_g + mW_c} \times F_R$

다 $\dfrac{1000\,CW_0}{W_g + mW_c} - F_R$　　라 $\dfrac{CW_R}{W_c + mW_c} - F_R$

해설 $1000\,CW_0 = (F_R + F_g)(W_g + mW_c)$에서 구배저항 F_g는 구배 $g\,[‰]$와 같으므로

최대 구배 $g = \dfrac{1000\,CW_0}{W_g + mW_c} - F_R$

다

3-33 전기 열차에서 전기 기관차의 중량 150 t, 부수차의 중량 550 t, 기관차 동륜상의 중량 100 t이다. 우천 시 올라갈 수 있는 최대 구배(%)는? (단, 열차저항은 무시한다. 우천 시 부착계수는 0.18 이다.)

가 5　　나 2.6
다 4　　라 6

해설 최대 구배 $g = \dfrac{1000\,CW_0}{W_g + mW_c}$

$$= \frac{1000\times 0.18\times 100}{150 + 1\times 550} = 25.71‰ = 2.57\%$$

나

3-34 전차를 시속 100 km로 운전하려 할 때 전동기의 출력(kW)이 얼마나 필요한가?
(단, 기어 효율 $\eta = 97\ \%$, 차륜상의 견인력은 400 kg이다.)

가 95　　나 100
다 110　　라 112

해설 견인력 T, 속도 V, 효율 η 라 하면

전동기 출력 $P = \dfrac{TV}{367\eta} = \dfrac{400 \times 100}{367 \times 0.97} = 112.4\ \text{kW}$

답 라

3-35 표정속도의 정의는?
(단, L : 정거장 간격, t : 정차시간, n : 정거장 수, T : 전 주행시간이다.)

가 $\dfrac{L}{(t+T)}$　　나 $\dfrac{nL}{(nt+T)}$

다 $\dfrac{(n-1)L}{(nt+T)}$　　라 $\dfrac{(n-1)L}{(n-2)t+T}$

해설 $$\text{표정속도} = \frac{\text{운전구간 거리}}{\text{주행시간} + \text{정차시간}} = \frac{(n-1)L}{T+(n-2)t}$$

답 라

3-36 전차의 표정속도를 높이기 위한 수단은?

가 최대 속도를 높게 한다.　　나 정차시간을 짧게 한다.
다 가속도를 크게 한다.　　라 제동도를 높인다.

답 나

3-37 전차 운전에서 최고 속도를 변화시키지 않고 표정속도를 크게 하려면 다음 중 어떤 방법이 좋은가?

가 가속도와 감속도를 크게 한다.
나 가속도를 크게 하고, 감속도를 작게 한다.
다 가속도를 작게 하고, 감속도를 크게 한다.
라 가속도와 감속도를 작게 한다.

해설 가속도를 크게(급출발), 감속도를 크게(급정거)하여 주행시간을 감소시키면 표정속도를 키울 수 있다.

답 가

4 전기화학

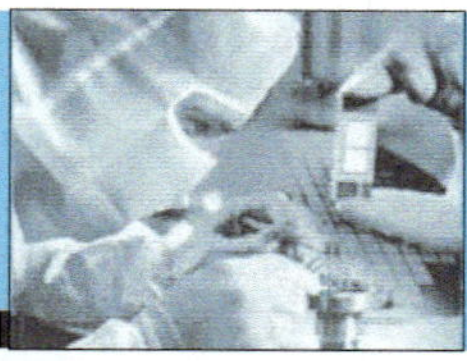

제1장 전기 화학의 기초

1.1 패러데이의 법칙 (Faraday's Law)

전기 분해시 전극에 흐르는 전하량과 화학변화의 양 사이의 관계를 나타낸 것을 **패러데이의 법칙**이라 한다.

제1법칙 : 전해질 용액을 전기 분해할 때 전극에서 석출되는 물질의 질량은 전해액에 흐르는 전기량에 비례한다.

제2법칙 : 같은 전기량에 의해 석출되는 물질의 질량은 물질의 종류에 관계없이 각 물질의 화학당량에 비례한다.

전기 분해시 얻어지는 생성물질의 양(W)은 다음 식에 의해 구할 수 있다.

$$W = KQ = Kit \ [\mathrm{g}] \tag{4.1}$$

여기서, K : 전기화학당량 (g/C)

Q : 전기량 (C)

i : 전류 (A)

t : 시간 (s)

1.2 이온화 경향 (Ionization Tendency)

황산구리(CuSO4) 용액에 아연(Zn)을 넣으면 아연은 용액 속으로 녹아 들어가고 아연 금속 표면에 구리가 석출된다.

$$Zn \rightarrow Zn^{2+} + 2e^{-} \text{ (산화)}$$
$$Cu^{2+} + 2e^{-} \rightarrow Cu \text{ (환원)}$$

이 반응은 아연과 구리 두 금속이 전자를 잃고 양이온으로 되려는 성질로 인해 일어나게 되는데 아연이 구리보다 이온화 경향이 강하여 전자를 내놓고 Zn2+으로 되며, 이때 내놓은 전자를 Cu2+이 받아 구리로 석출된다. 이와 같이 금속이 전자를 잃고 양이온으로 되려는 성질을 이온화 경향이라 한다.

■ 금속의 이온화 경향

K > Ca > Na > Mg > Al > Zn > Fe > Ni > Sn > Pb > H > Cu > Hg > Ag > Pt > Au

1.3 도전율 (Conductivity)

전해질의 수용액이나 용융염의 도전율 k 는 두 전극 사이의 전기저항을 측정하여 식 (4.2)와 같이 나타낸다.

$$k = \frac{l}{RS} \ [\Omega^{-1} \text{cm}^{-1}] \tag{4.2}$$

여기서, R : 전기저항 (Ω)

l : 전극간 거리 (cm)

S : 단면적 (cm^2)

일반적으로 전해질 용액의 도전율은 농도에 따라 증가하고, 어떤 농도에서 최대값에 도달한 후 다시 감소하게 된다.

1.4 이동도 (Mobility)

전리하고 있는 양이온과 음이온이 어느 만큼의 속도로 전기를 운반할 수 있는가의 정도를 이동도라 한다.

고체, 액체, 기체 내에서 이온, 전자 등 전하가 전계에 의해 이동할 때 평균 이동속도 v와 전계 E와의 관계는 식 (4.3)과 같다.

$$v = \mu E \tag{4.3}$$

여기서, μ : 이동도 (cm/s·V)

1.5 계면전기 현상

(1) 전기영동 (Electrophoresis)

액체 중에 분산되어 있는 입자의 표면에서 전기 2중층이 존재하여 정 또는 부의 전하가 나타난다. 이런 상태에서 그림 4.1과 같이 직류전압을 가하면 이온이 이동하듯이 입자가 이동한다. 이를 **전기영동**이라고 한다. 점토나 흑연의 정제, 전착도장 등에 사용된다.

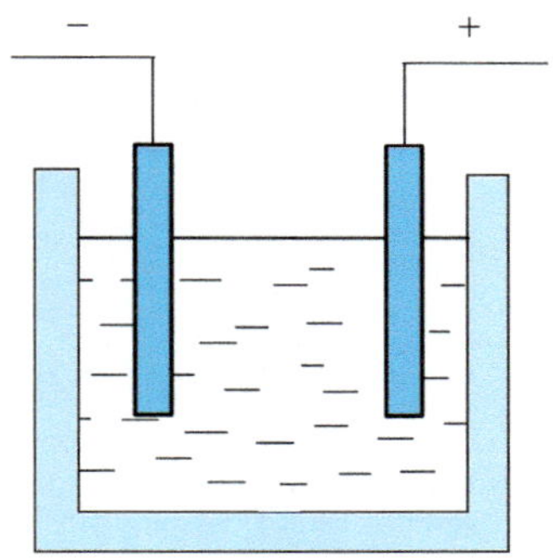

[그림 4.1] 전기영동

예제 1 질산은 용액에 5 A의 전류를 흘려 10 g의 은을 석출하는 데 걸리는 시간은 약 몇 분인가? (단, 은의 전기 화학당량은 0.001118 g / C 이다.)

풀이 $W = KIt$ [g]

$$\therefore t = \frac{W}{KI} = \frac{10}{0.001118 \times 5 \times 60} \fallingdotseq 30\text{분}$$

연습 문제

1. 패러데이의 법칙에 대해 설명하여라.

2. 구리의 원자량은 63.54, 원자가 2일 때 전기 화학당량은?

3. 1.5 A의 전류를 1분 동안 질산은 용액에 흘리면 몇 g의 은을 석출하겠는가? (단, 은의 전기화학당량은 0.00118 g/c)

4. 전기영동에 대해 설명하여라.

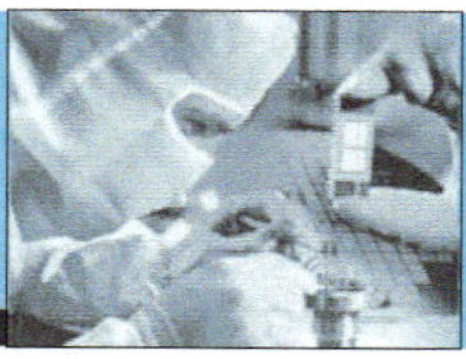

제 2 장 전지

2.1 전지의 기초

(1) 기전력 (Electromotive Force)

전자의 이동으로 일어나는 산화, 환원 반응에서 그 전자를 흐를 수 있도록 만든 장치, 즉 화학적 반응에 의해서 생기는 에너지를 직접 전기 에너지로 전환하는 장치를 **전지**(Cell)라고 한다.

전지는 보통 이온화 경향이 다른 두 종류의 금속판을 전해질 용액에 담그고 두 금속판을 도선으로 연결하여 전류가 흐르게 한 것이며, 이온화 경향이 큰 금속이 (−)극, 이온화 경향이 작은 금속이 (+)극이 된다.

전자는 도선을 통하여 (−)극에서 (+)극으로 이동하며, 전류는 (+)극에서 (−)극으로 흐르게 된다. 전지가 도선을 통하여 전류를 흐르게 하는 힘을 **기전력**이라 한다.

(2) 분극 (Polarization)

전지가 반응하면 전극에 석출된 물질이 다시 이온으로 용해되거나 전해액 농도의 감소 등으로 인한 역방향의 기전력이 생겨서 본래의 기전력이 저하되는 현상이 나타나는데, 이를 분극이라 한다.

이와 같은 분극의 원인에는 H^+가 양극에서 H_2 가스로 되어 반응을 억제하기 때문이다. 이것을 방지하기 위해서 산화제를 쓰는데 이를 **감극제**(Depolarizer)라 한다. 감극제에는 MnO_2 HgO, O_2, H_2O_2, AgO, CuO 등이 있다.

2.2 1차 전지

방전이 완료되면 충전에 의해 다시 사용할 수 없는 전지를 1차 전지(Primary Cell)라 하며, 역사를 살펴보면 1794년 볼타(Volta)에 의해 구리와 아연으로 구성된 볼타 전지가 최초로 개발되었다.

그 후 1836년 다니엘(Daniel)에 의해 다니엘 전지가 개발되면서 보다 큰 전류를 얻을 수 있는 등 성능 향상이 이루어졌으나 액체 형태의 전해액 때문에 움직이는 곳에 사용할 수 없어 용도가 제한되었다.

1868년 아연-탄소로 구성된 망간 건전지가 개발되면서 기존 다니엘 습전지를 빠른 속도로 대치해 나갔으며, 그 후 알칼리 전지, 수은 전지 등이 개발되면서 많은 기술적 향상이 이루어졌다.

(1) 볼타 전지 (Volta cell)

아연판과 구리판을 묽은 황산에 담그고 도선으로 연결한 전지를 볼타 전지라 한다.

(−)극 : $Zn \rightarrow Zn^{2+} + 2e^-$

(+)극 : $2H^+ + 2e^- \rightarrow H_2$

전체 반응 : $Zn + 2H^+ \rightarrow Zn^{2+} + H_2 \uparrow$

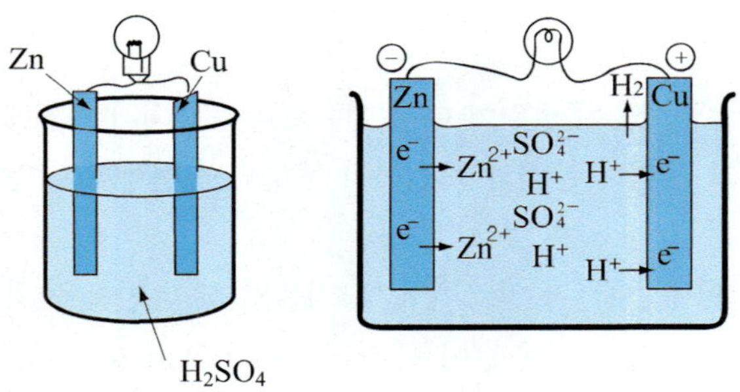

[그림 4.2] 볼타 전지

(2) 망간 건전지 (Mangan Dry Cell)

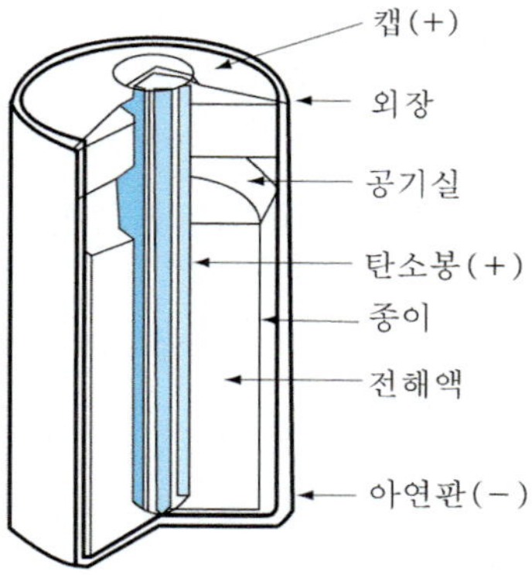

[그림 4.3] 망간 건전지

음극에 아연, 양극에 탄소봉, 전해액으로는 염화암모늄(NH_4Cl)과 염화아연($ZnCl_2$)의 혼합물을 사용하며, 감극제로는 이산화망간을 사용한다. 방전전압은 1.5 V이다.

(−) $Zn / NH_4Cl + ZnCl_2$ 혼합수용액/ $MnO_2 \cdot C$ (+)

(−)극 : $Zn \rightarrow Zn^{2+} + 2e^-$

(+)극 : $2MnO_2 + H_2O + 2e^- \rightarrow Mn_2O_3 + 2OH^-$

기본 반응은 다음과 같이 나타난다.

$$Zn + 2NH_4Cl + 2MnO_2 \rightarrow Zn(NH_3)_2Cl_2 + Mn_2O_3 + H_2O$$

(3) 알칼리 전지 (Alkaline Cell)

기본 반응은 망간 전지와 같으나 전해액을 염화암모늄 대신 수산화칼륨(KOH)을 쓰는 것이 차이점이다. 알칼리 전지의 반응식은 다음과 같다.

(−) $Zn / KOH / MnO_2 \cdot C$ (+)

(−)극 : $Zn \rightarrow Zn^{2+} + 2e^-$

(+)극 : $Mn^{4+} + e^- \rightarrow Mn^{3+}$

알칼리 전지는 (−)극인 아연이 분말 형태로 전지의 중심부에 있고 아연을 수산화칼륨의 전해액이 에워싸며, 바깥쪽 (+)극에 이산화망간 분말과 콜로이드 흑연을 둔다. 아연을 분말 형태로 한 것은 전해액이 닿는 표면적을 최대한 크게 하기 위한 것이며, 이런 이유로 내부 저항이 낮아서 그만큼 큰 전류를 출력할 수 있는 용도에 적합하다.

내부 저항이 낮은 것 외에도 아연이 산성보다 염기성 용액에 덜 부식되기 때문에 망간 전지보다 수명이 길고 저장 특성이 뛰어나며, 전지가 소모되어도 기전력은 그다지 저하하지 않는 특성이 있다. 이러한 장점으로 리모컨, 시계, 완구 등 일상생활에 널리 이용되고 있다.

(4) 수은 전지 (Mercury Cell)

음극에 아연분말, 양극에 산화수은(HgO), 감극제로는 산화수은에 흑연을 혼합한 것, 전해액으로는 수산화칼륨(KOH)과 산화아연(ZnO)을 혼합한 페이스트를 사용한다.

$$(-)\ Zn \mid KOH + ZnO \mid HgO\ (+)$$

이 전지의 기전반응은 다음 식과 같다.

$$(-)\text{극 반응} : Zn + 2OH^- \rightarrow ZnO + H_2O + 2e^-$$

$$(+)\text{극 반응} : HgO + H_2O + 2e^- \rightarrow Hg + 2OH^-$$

2 F의 전기량에 대해 이 전지의 기본 화학반응은 다음 식과 같다.

$$Zn + HgO \rightarrow ZnO + Hg$$

수은 전지는 방전전압의 변화가 적으며 소형화가 가능하여 보청기, 완구, 리모컨 등에 사용된다.

2.3 2차 전지

2차 전지란 충전과 방전의 반복에 의해 직류전류를 저장 또는 공급하는 것으로서 납축전지, 니켈-카드뮴 전지, 니켈-수소 전지, 리튬-폴리머 전지, 리튬-이온 전지 등이 있다.

(1) 납축전지

납축전지는 1859년 프랑스의 과학자인 Plante에 의해 발명된 이래, 1881년 C.Faure 에 의해 페이스트(paste)식 납축전지, 1883년 H. Tudor에 의해 튜브형 납축전지, 1898년에는 클래드(Clad)식 납축전지가 각각 개발되었다.

① 전지 구조

납축전지 구조는 그림 4.4와 같으며 양극(PbO_2), 음극(Pb), 격리판 및 전해액, 전조 및 기타 부품으로 구성되어 있다.

㈎ 양극 : 양극 전극은 납(Pb)에 기전반응을 일으키는 활물질 **이산화납**(PbO_2)을 부착시킨 것으로 페이스트식과 클래드식으로 제조된다. 페이스트식 극판은 납분과 황산 수용액을 혼합하여 반죽상태로 만들어 기판에 도장한 후, 숙성 · 건조 및 화성 공정을 통하여 암갈색의 PbO_2로 된다. 클래드식 극판은 유리 또는 합성수지제의 다공성 튜브 중앙에 집전용 납합금 봉을 삽입한 후 납분을 충진하여 제조된다. 클래드식 전극은 페이스트식 전극에 비하여 구조적으로 안정하여 활물질 탈락 등이 없다.

㈏ 음극 : 음극 활물질은 납(Pb)으로 구성되며 페이스트식으로 제조된다. 색은 회색을 띤다. 저온 및 고율 방전성능 향상을 위하여 황산바륨($BaSO_4$) 및 탄소 등을 첨가하며, 다공도는 45~60 % 정도이다.

㈐ 전해액 : **묽은황산**(H_2SO_4)을 사용하며 농도는 27~30 % 정도이다. 충전 시 전해액 비중은 1.26~1.30 (25℃)이며, 방전 시 1.1 이하로 떨어진다. 용량 상승에는 농도가 높을수록 좋고, 긴 수명에는 반대로 낮은 것이 좋다.

㈑ 격리판 : 격리판은 양극과 음극 간의 전기적 단락을 방지하며, 활물질을 보호하기 위한 것으로 재질은 내진성, 내산화성, 기계적 강도 및 낮은 전기저항 등이 요구된다. 납축전지용 격리판은 주로 다공질의 페놀(Phenol)수지, 유리 매트(Glass Mat) 등이 사용된다.

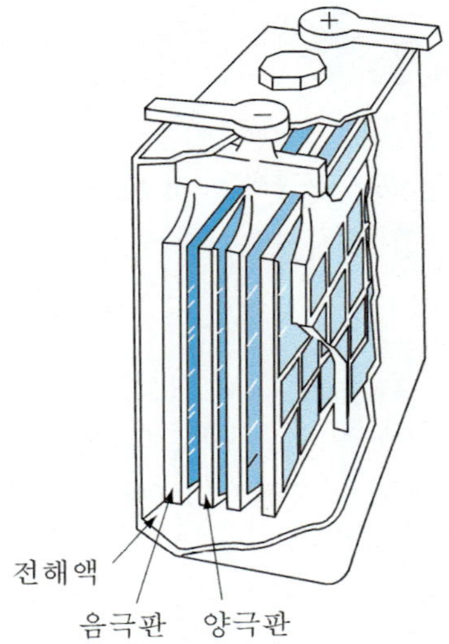

(a) 외형

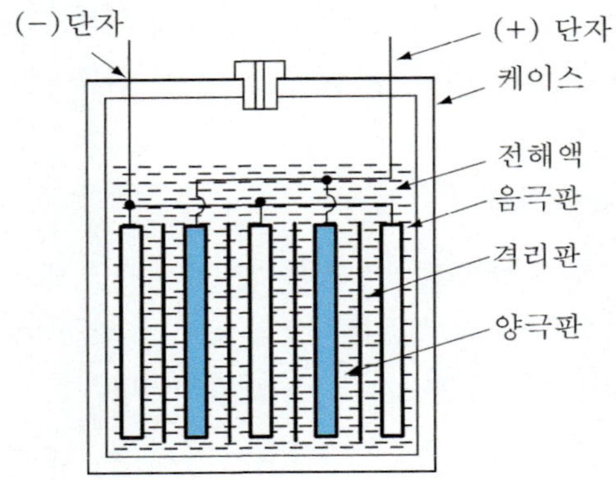

(b) 단면도

[그림 4.4] 납축전지

② 반응원리

납축전지의 반응식은 아래 식과 같이 가역반응을 나타낸다.

$$\text{양 극} : PbO_2 + 4H^+ + SO4^{2-} + 2e^- \underset{\text{충전}}{\overset{\text{방전}}{\rightleftarrows}} PbSO_4 + 2H_2O$$

$$\text{음 극} : Pb + SO4^{2-} \underset{\text{충전}}{\overset{\text{방전}}{\rightleftarrows}} PbSO_4 + 2e^-$$

$$\text{전반응} : Pb + 2H_2SO_4 + PbO_2 \underset{\text{충전}}{\overset{\text{방전}}{\rightleftarrows}} PbSO_4 + 2H_2O + PbSO_4$$

(2) 니켈-카드뮴 (Ni-Cd) 전지

① 전지 구조

양극에 니켈의 수산화물을, 음극에 카드뮴을 사용한 알칼리 축전지이며 $Ni(OH)_3(Ni_2O_3)$ | KOH | Cd의 구조를 가지고 있다. 전해액은 20~25% 수산화칼륨 수용액에 소량의 수산화리튬을 첨가한 것이 많이 사용된다. 음·양의 두 극판은 서로 엇갈리게 짜서 니켈을 도금한 강판제, 또는 스티롤 등의 합성수지로 된 전해조에 넣고, 두 극판은 염화비닐 등의 다공판인 세퍼레이터(Separator)로 격리한다. 기전력은 1.33~1.35V이며, 보통 20~45℃에서 사용이 가능하다. 그리고 극판의 형식에 따라 튜브식과 포켓식으로 분류된다. 전기적으로나 기계적으로 튼튼하여 수명이 길고, 안정하며 보전이 수월한 독립전원으로 그 용도가 넓다.

② 반응원리

$$\text{음 극} : Cd + 2OH^- \underset{\text{충전}}{\overset{\text{방전}}{\rightleftarrows}} Cd(OH)_2 + 2e^-$$

$$\text{양극} : 2NiO(OH) + 2H_2O + 2e \underset{\text{충전}}{\overset{\text{방전}}{\rightleftarrows}} 2Ni(OH)_2 + 2OH^-$$

$$\text{전반응} : 2NiO(OH) + Cd + 2H_2O \underset{\text{충전}}{\overset{\text{방전}}{\rightleftarrows}} 2Ni(OH)_2 + Cd(OH)_2$$

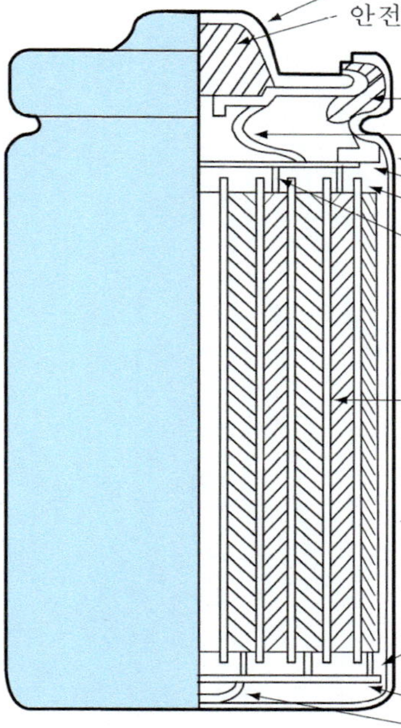

[그림 4.5] 니켈–카드뮴 전지

(3) 니켈-수소 (Ni / MH) 전지

니켈-수소 전지는 니켈-카드뮴 전지가 지닌 낮은 에너지 밀도, 환경문제 등을 해결하기 위하여 개발되었으며, 수소저장합금을 음극으로 사용하여 전지용량을 향상시키는 동시에 환경문제를 해결하였다.

① 전지 구조

㈎ 양극 : 알칼리 전지용 니켈 전극은 종래에는 포켓식과 소결식이 사용되었지만, 최근 발포상 니켈을 사용한 페이스트식 니켈 전극이 널리 사용된다. 페이스트식 니켈 전극은 활물질인 수산화니켈 분말과 도전성 분말을 혼합하여 페이스트를 제작한 후, 집전체인 니켈 발포 매트(Ni

Foamed Mat) 혹은 니켈 섬유 매트(Ni Fiber Mat)에 도장하여 제조하며, 높은 에너지 밀도를 가진다. 따라서 이 전극은 집전체의 두께, 다공도, 기공 크기, 활물질 조성 및 충진 방식이 매우 중요하다.

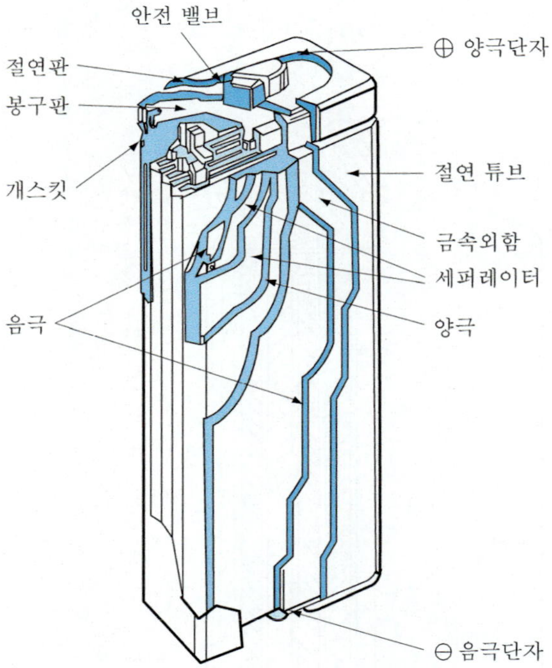

[그림 4.6] 니켈-수소 전지

(나) 음극 : 니켈-수소 전지의 중량 에너지 밀도를 향상시키기 위하여 수소저장합금의 수소저장 밀도를 높여야 한다. 여기서, 수소저장합금이란 수소와 가역적으로 반응하여 금속수소화물을 형성하는 금속간 화합물을 말하며, 표 4.1에 특징을 나타내었다.

음극 전극의 제법으로 수소흡장합금 분말과 도전재 및 결합재를 혼합하여 집전체인 다공질 니켈판에 압착하여 제조하는 방법과 페이스트화하여 집전체 중에 충진 압착하여 사용하는 방법이 있다.

[표 4.1] 수소저장합금의 종류 및 특징

종 류	이론 용량(mAh/g)	실제 용량(mAh/g)
AB5 ($LaNi_5$)	372	300~340
AB2 ($ZrMn_2$)	482	350~430
AB (TiFe)	490	200
A2B (Mg_2Ni)	965	700~750

② 반응원리

니켈－수소 전지의 방전전압은 1.2~1.3 V로 니켈－카드뮴 전지와 전압 호환성이 있으며, 충·방전 반응식은 다음의 식과 같다. 니켈－수소 전지는 충전에 의해 양극 활물질인 $Ni(OH)_2$가 수소원자를 방출하여 NiOOH로 산화되고, 수소원자는 수소이온이 되어 음극인 수소흡장합금에 도달하여 합금 내에 흡장된 상태로 된다.

역으로 방전에서는 음극의 수소흡장합금에서 수소원자가 방출되고, 역시 수소이온이 되어 양극에 도달하여 반응하여 원래의 상태로 된다. 실제로 수소흡장합금 전극은 충전 시에 전해액 내의 물에서 수소원자를 빼내어 수소저장합금을 형성하고, 방전 시에는 수소원자가 방출되어 수산이온과 반응하여 물로 되돌아간다.

$$\text{양 극}: NiOOH + H_2O + e^- \underset{\text{충전}}{\overset{\text{방전}}{\rightleftarrows}} Ni(OH)_2 + OH^-$$

$$\text{음 극}: MH_x + xOH^- \underset{\text{충전}}{\overset{\text{방전}}{\rightleftarrows}} M + xH_2O + xe^-$$

$$\text{전반응}: xNiOOH + MH_x \underset{\text{충전}}{\overset{\text{방전}}{\rightleftarrows}} M + xNi(OH)_2$$

따라서 실제 반응물질은 수소이고, 수소흡장합금은 수소를 흡장함으로써 마치 고체 수소와 같이 행동한다. 특징으로는 충·방전에 의한 전해액 농도 변화는 없고, 또 과 충전이나 과 방전에 대하여 보호기능을 갖추고 있다.

(4) 리튬－폴리머 전지

고체 고분자 전해질(Solid Polymer Electrolyte)을 리튬－폴리머 전지는 1980년대 중반에 개발되었으며, 액체 전해액계 전지에 비하여 큰 안정성 및 고 에너지 밀도를 제공한다. 그림 4.7에 리튬－폴리머 전지의 구조를 나타내었다.

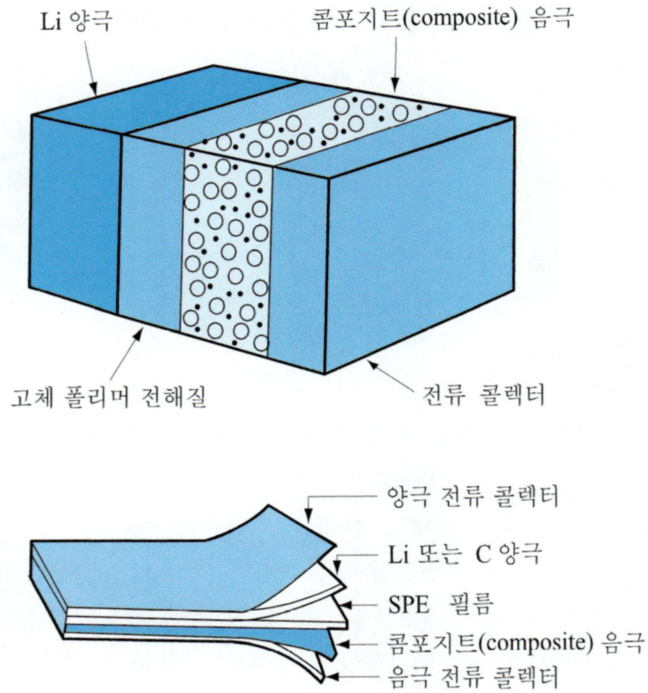

[그림 4.7] 리튬－폴리머 전지

① 양극

양극으로는 V6O13, TiS2 와 같은 2 V급 및 LiMeO2 등과 같은 4 V급이 있다. 양극은 활물질과 도전제인 탄소 및 결합제를 혼합하여 합제를 제조한 후, 집전체에 도포하고 용매를 증발시켜 전극을 제조하게 된다.

② 음극

음극물질은 리튬금속 혹은 탄소로 만들어진다.

③ 고체 고분자 전해질

고체 고분자 전해질은 전해액 및 분리막의 역할을 동시에 수행하고 리튬염 등으로 구성된 이온 전도성 물질이다.

종류로는 가소제(Plasticizer)를 함유하지 않은 드라이 고분자(Dry Polymer)형과 가소제를 함유한 젤 고분자(Gel Polymer)형으로 구별된다. 드라이형은 주로 PEO 계열의 고분자를 사용하며, 기계적 특성은 우수하나 이온 전도성이 낮은 단점이 있다. 젤형은 PAN, PMMA, PVC와 같이 극성이 있는 폴리머를 구조체로 사용하며, 작은 분자량을 갖고 높은 유전율을 갖는 유기용매(PC 혹은 EC)를 가소제로 사용한다.

(5) 리튬-이온 전지

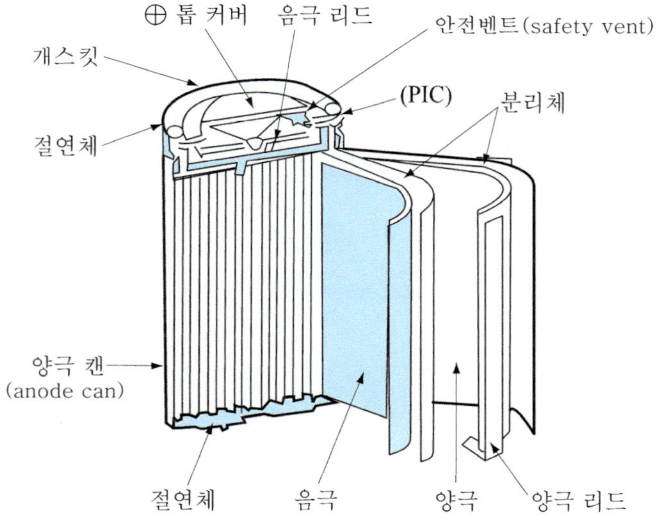

[그림 4.8] 리튬-이온 전지

① 전지의 구조

리튬-이온 전지는 원통형 및 각형의 두 종류가 있으며, 전지 구조는 앞의 그림 4.8과 같다. 원통형 리튬-이온 전지는 양극, 음극 및 폴리에틸렌 분리막이 와권상으로 되어 있으며, 양극은 알루미늄 호일(Al foil)에 양극합제가 도포되어 있고, 음극은 구리 호일(Cu foil)에 음극합제가 도포되어 있다.

전해액으로는 리튬염/유기용매로 구성되어 있다. 전지 내부에 과열 · 과전류를 방지하기 위해 PTC(Positive Temperature Coefficient) 소자를 사용하였다.

(가) 양극 : 양극 활물질은 $LiMeO_2$ (Me = Co, Ni, Mn)을 사용한다.

(나) 음극 : 종래 리튬 2차 전지용 음극 활물질로 사용되던 리튬 금속은 충 · 방전 사이클에 따른 체적변화로 인하여 전지 수명을 단축시키는 원인이 되었다. 리튬-이온 전지에서는 음극 활물질로 층간 화합물인 탄소를 이용하여 상기 문제를 해결하여 전지의 장수명화를 실현시켰다. 또한, 탄소를 음극 활물질로 사용 시 체적변화가 매우 작고 화학적으로 매우 안정하다.

② 반응원리

양극 $LiMeO_2$(Me = Co, Ni, Mn 등)에서 Me가 Ni인 경우 Ni 이온이 탈리하여 음극인 탄소 내로 흡장되고, 역으로 방전반응에서는 탄소 내에 흡장되어 있는 Li 이온이 탈리하여 양극 활물질 내로 흡장된다. 리튬-이온 전지의 충·방전 반응식은 다음과 같다.

양 극 : $Li_{1-x}MeO_2 + xLi^+ + xe^- \underset{\text{충전}}{\overset{\text{방전}}{\rightleftarrows}} LiMeO_2$

음 극 : $C_6 + xLi^+ + xe^- \underset{\text{충전}}{\overset{\text{방전}}{\rightleftarrows}} Li_xC_6$

전반응 : $Li_{1-x}MeO_2 + Li_xC_6 \underset{\text{충전}}{\overset{\text{방전}}{\rightleftarrows}} LiMeO_2 + C_6$

2.4 연료 전지

연료전지는 수소를 공기 중 산소와 화학 반응시켜 전기를 생성하는 원리를 가지고 있다. 산소는 공기 중에서 얻으며 수소는 고압으로 압축해 저장했다가 반응에 사용하거나 수소를 많이 포함하는 메탄올을 분해해서 얻는다.

연료전지의 구성은 전해물질 주위에 서로 맞붙어 있는 두 개의 전극으로 이루어져 있으며, 공기 중의 산소가 한 전극을 지나고 수소가 다른 전극을 지날 때 전기화학 반응을 통해 전기와 물, 열을 생성하는 원리다.

화학적 반응에 의해 전기를 발생시킨다는 점에서 배터리와 비슷하지만 연료전지는 반응 물질인 수소와 산소를 외부로부터 공급 받으므로 배터리와는 달리 충전이 필요 없고, 연료가 공급되는 한 전기를 발생시킨다. 또 연료의 연소반응 없이 에너지를 발생시키기 때문에 기존의 내연기관과 달리 황, 질소산화물 등 유독공해물질의 배출이 없고 이산화탄소 배출량도 획기적으로 줄일 수 있어 친환경적이다.

수소-산소 연료 전지 반응은 다음과 같다.

음 극 : $H_2 \rightarrow 2H^+ + 2e^-$

양 극 : $\frac{1}{2}O_2 + 2H^+ + 2e^- \rightarrow H_2O$

전반응 : $H_2 + \frac{1}{2}O_2 \rightarrow H_2O$

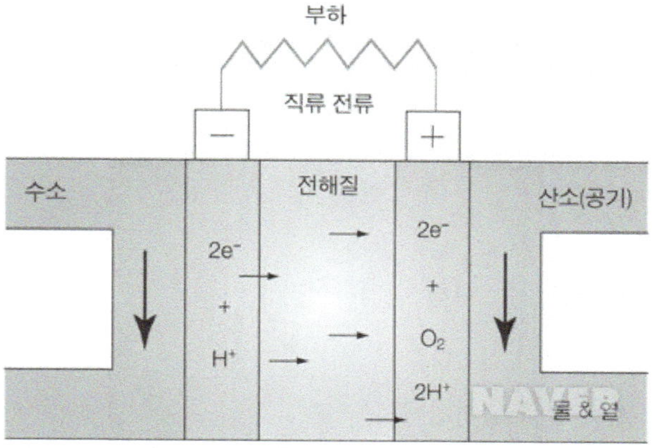

[그림 4.9] 연료 전지의 원리

2.5 태양 전지

pn 접합 반도체의 경계면에 태양광·에너지를 조사하여 전기에너지로 변환시키는 전지이며, 그림 4.10에 작동원리를 나타내었다. 그림과 같이 반도체의 에너지 갭보다 큰 에너지를 갖는 광자(Phonon)를 태양 전지가 흡수하게 되면 전자–정공쌍이 형성되고, 전자는 n형 반도체로 유입되며, 정공은 p형 반도체로 전이된다. 이로 인해 양단간에 전압이 발생하게 된다.

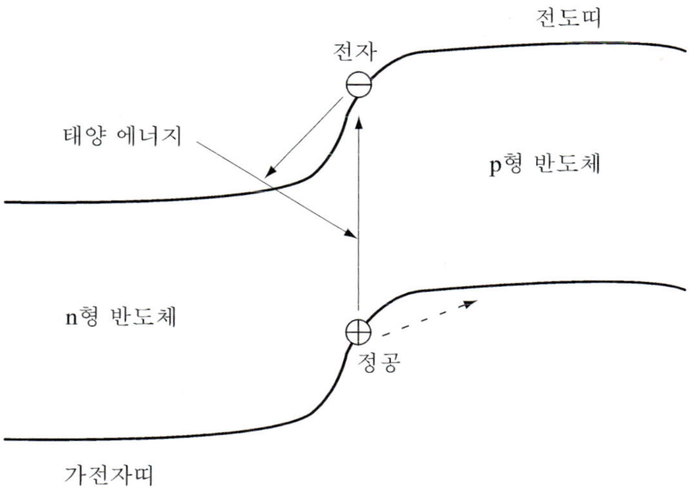

[그림 4.10] 반도체 태양 전지의 원리

연습 문제

1. 전지의 분극현상에 대해 설명하여라.

2. 알칼라인 건전지의 화학반응에 대해 설명하여라.

3. 납축전지의 화학반응에 대해 설명하여라.

4. 리튬－이온 전지에 대해 설명하여라.

5. 연료 전지에 대해 설명하여라.

6. 태양 전지에 대해 설명하여라.

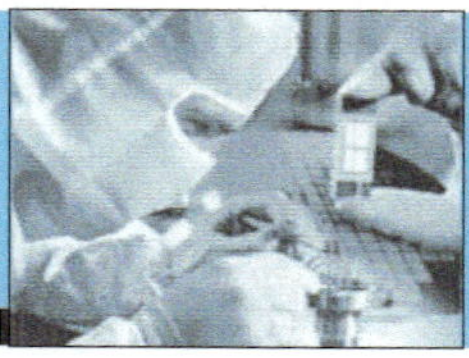

제 3 장 전기 분해

3.1 전기 분해의 원리

전해질의 수용액이나 용융염에 전극을 담그고 직류전류를 통하면 그 전해질은 두 전극에서 화학반응을 일으킨다. 즉, 전해질은 수용액이나 용융상태에서 (+), (−) 이온으로 전리되고 전리되어 있는 용액 중에 직류전류를 통하면 두 이온은 각각 반대 극으로 끌려가서 전하를 잃고 중성물질로 된다. 이를 전기 분해 또는 전해라 한다.

$$\text{전해질} \leftrightarrow \oplus\ \text{이온} + \ominus\ \text{이온}$$
$$(+)\text{극} : \ominus\ \text{이온} - e- \rightarrow \text{중성 단체(산화)}$$
$$(-)\text{극} : \oplus\ \text{이온} + e- \rightarrow \text{중성 단체(환원)}$$

3.2 전기 분해의 종류

(1) 물의 전해

물을 전기 분해하면 음극에서 수소를, 양극에서는 산소를 발생한다. 그러나 물의 해리도는 매우 작으며 도전율도 작기 때문에 물 전해의 전해액으로는 NaOH 또는 KOH 용액이 사용된다. 전해액은 전해에 의해 발생하는 수소, 산소에 대응하는 수분이 소모되므로 전해조에는 이만큼의 물이 항상 보급되도록 하여야 한다.

$$NaOH \leftrightarrow Na^+ + OH^-$$

$$H_2O \leftrightarrow H^+ + OH^-$$

$$(+)\text{극} : 2OH^- - 2e^- \rightarrow H_2O + \frac{1}{2}O_2$$

$$(-)\text{극} : 2H^+ + 2e^- \rightarrow H_2$$

2 F의 전기량으로 $H_2O = H_2 + \frac{1}{2}O_2$의 반응이 일어난다. 그러므로 1,000 Ah 의 전기량에서 얻어지는 이론값(1기압, 20℃)은 수소 448 l, 산소 224 l 이다.

보통 전극은 양극 다 같이 철판에 니켈 도금을 한 것이 사용되고, 음극의 수소 발생의 과전압을 작게 유지하기 위해서 몰리브덴, 니켈 합금을 사용하는 것이 좋다. 수소는 합성 암모니아 원료로 쓰이며 산소는 용접, 산소흡입용, 산소제강용으로 사용된다.

(2) 식염 전해

식염수(NaCl)를 전기 분해하면 (+)극에서 cl_2, (−)극에서는 H_2와 NaOH 가 생긴다.

$$NaCl \leftrightarrow Na^+ + Cl^-$$

$$H_2O \leftrightarrow H^+ + OH^-$$

$$(-)\text{극} : Na^+ + e^- \rightarrow Na$$

$$2H^+ + 2e^- \rightarrow H_2$$

Na은 방전하기 어려워 수소가 발생한다.

$$2Na + 2H_2O \rightarrow 2NaOH + H_2\uparrow$$

$$(+)\text{극} : 2Cl^- - 2e^- \rightarrow Cl_2\uparrow$$

전반응은 다음과 같다.

$$2NaCl + 2H_2O \rightarrow 2NaOH + H_2 + Cl_2$$

3.3 금속의 전해

(1) 전기 도금 (Electroplating)

전기 분해를 통하여 금속 표면을 다른 금속의 엷은 막으로 입히는 것을 **전기 도금**이라 한다. 도금 시 도금할 물체를 (−)극에 연결하고 도금하려는 금속은 (+)극에 연결한다. 또, 도금액은 도금하려는 금속 이온을 포함한 용액을 사용하여야 한다.

예를 들어, 은을 (+)극으로, 구리나 황동 등을 (−)극으로 하여 은시안화칼륨(K[Ag(CN)2]) 수용액에서 전기 분해하면 (+)극에서 은이 Ag^+ 로 되고, (−)극에서 은이 석출하여 은도금이 된다. 전기 도금면은 점착력이 강하고 막이 균일하다.

(2) 전주 (Electroforming)

전착에 의해 원형과 똑같은 모양의 복제품을 만드는 것을 **전주**라고 한다. 기계가공으로 어려운 제품을 만드는 데 적합하며, 활자주조 모형, 인쇄용 판화, 장식품 등에 이용된다.

(3) 금속의 제련 (Refining)

광석으로부터 금속을 추출해내는 것을 **제련**이라 한다. 예를 들어 알루미늄은 결합력이 강하여 환원제로는 환원시킬 수 없고 전기 분해로서만 제련이 가능하다. 알루미늄 제련의 경우 보크사이트(bauxite $Al_2O_3 \cdot xH_2O$)로 산출되는 광석을 산화알루미늄으로 만들어 용융전해하여 얻는다.

산화알루미늄(Al_2O_3)은 용융점이 높으므로 빙정석(Na_3AlF_6)을 혼합하여 800~900℃에서 용융시켜 (+)극을 탄소막대로 하여 전기 분해하면 (−)극에 Al이 석출된다. 이의 반응식은 다음과 같다.

$$Al_2O_3 \rightarrow 2Al^{+} + 3O^{2-}$$

$$(-)\text{극} : 2Al^{3+} + 6e^{-} \rightarrow 2Al$$

$$(+)\text{극} : 3O^{2-} - 6e^{-} \rightarrow 3O$$

$$3O + 3C \rightarrow 3CO \uparrow$$

연습 문제

1. 전기 분해의 원리에 대해 설명하여라.

2. 식염 전해에 대해 설명하여라.

3. 전기 도금에 대해 설명하여라.

4. 전주에 대해 설명하여라.

기 · 출 · 문 · 제

4-1 금속 중 이온화 경향이 큰 물질은?

㉮ Fe ㉯ Zn
㉰ K ㉱ Na

해설 이온화 경향 K > Ca > Na > Ma > Al > Zn > Fe > Ni > Sn > Pb > H > Cu > Hg > Ag > Pt > Au이다.

답 ㉰

4-2 전해액에서 도전율은 다음 중 어느 것에 의하여 증가되는가?

㉮ 전해액의 고유저항 ㉯ 전해액의 유효 단면적
㉰ 전해액의 농도 ㉱ 전해액의 빛깔

답 ㉰

4-3 전기 분해에 의하여 전극에 석출되는 양은 전해액을 통과하는 총 전기량에 비례하고, 또 그 물질의 화학당량에 비례하는 법칙은?

㉮ 앙페르의 법칙 ㉯ 패러데이의 법칙
㉰ 톰슨의 법칙 ㉱ 줄의 법칙

답 ㉯

4-4 전기 분해에 의하여 전극에 석출되는 물질의 양은 전해액을 통과하는 총 (①)에 비례하고, 또 그 물질의 화학당량에 (②)한다. 이것을 (③)의 법칙이라 한다. ( ) 안에 적합한 용어는?

㉮ ① 전류량, ② 비례, ③ 쿨롱
㉯ ① 전기량, ② 비례, ③ 패러데이
㉰ ① 전류량, ② 반비례, ③ 패러데이
㉱ ① 전기량, ② 반비례, ③ 패러데이

해설 $W = kQ = kIt$

전기 화학당량 $k = \dfrac{\text{화학당량}}{96500}$, 화학당량 $= \dfrac{\text{원자량}}{\text{원자가}}$

답 ㉯

4-5 전기 분해에서 패러데이의 법칙은 어느 것이 적합한가? (단, Q[C] : 통과한 전기량, W[g] : 석출된 물질의 양, E[V] : 전압을 각각 나타낸다.)

가 $W = k\frac{Q}{E}$

나 $W = \frac{1}{R}Q = \frac{1}{R}It$

다 $W = kQ = kIt$

라 $W = kEt$

답: 다

4-6 알칼라인 전지의 전해액은?

가 NH_4Cl

나 NaOH

다 KOH

라 $CuSO_4$

답: 다

4-7 알칼라인 전지의 감극제로 사용되는 것은?

가 수은

나 수소

다 아연

라 이산화망간

답: 라

4-8 일정한 전압을 가진 전지에 부하를 걸면 단자전압이 저하한다. 그 원인은?

가 이온화 경향

나 분극작용

다 전해액의 변색

라 주위온도

답: 나

4-9 전지의 용량을 표시하는 것은?

가 줄

나 와트식

다 암페어시

라 볼트 암페어

해설 방전 종지 전압 시까지 방전할 수 있는 전기량(Ah)을 말한다.

답: 다

4-10 납축전지의 양극 재료는?

가 $Pb(OH)_2$

나 Pb

다 $PbSO_4$

라 PbO_2

해설 양극 : PbO_2, 음극 : Pb

답: 라

4-11 납축전지의 방전이 끝나면 그 양극(+극)은 어느 물질로 되는지 다음에서 적당한 것을 골라라.

㉮ Pb　　㉯ PbO
㉰ PbO_2　　㉱ $PbSO_4$

✎ ㉱

4-12 다음 식은 납축전지의 기본 화학 반응식이다. 방전 후 생성되는 부산물을 (　) 안에 채워라.

$$Pb + 2H_2SO_4 + PbO_2 \rightleftarrows 2PbSO_4 + (\quad)$$

㉮ $2H_2O$　　㉯ HO
㉰ $2H_2O_2$　　㉱ $2HO_2$

✎ ㉮

4-13 납축전지가 충·방전할 때의 화학 방정식은?

㉮ $Pb + 2H_2SO_4 + Pb \rightleftarrows PbSO_4 + 2H_2 + PbSO_4$
㉯ $2Pb + 3H_2SO_4 + Pb \rightleftarrows 2PbSO_4 + 2H_2 + H_2 + PbSO_4$
㉰ $PbO_2 + 2H_2SO_4 + Pb \rightleftarrows PbSO_4 + 2H_2O + PbSO_4$
㉱ $2Pb + 4H_2SO_4 + 2PbO \rightleftarrows 3PbSO_4 + 4H_2 + O_2 + PbSO_4$

✎ ㉰

4-14 리튬-이온 전지의 양극에 쓰이는 것은?

㉮ $LiNiO_2$　　㉯ Li
㉰ Co　　㉱ Zn

✎ ㉮

4-15 수소와 산소의 전기화학 반응에 의해 기전력을 얻는 전지는 ?

㉮ 태양전지　　㉯ 연료 전지
㉰ 리튬-이온 전지　　㉱ 리튬-폴리머 전지

✎ ㉯

4-16 전기 분해로 제조되는 것은?

㉮ 암모니아　　㉯ 카바이드
㉰ 알루미늄　　㉱ 철

✎ ㉰

4-17 황산 용액에 양극으로 구리 막대, 음극으로 은 막대를 두고 전기를 통하면 은 막대는 구리색이 난다. 이를 무엇이라고 하는가?

㉮ 전기 도금 ㉯ 이온화 현상
㉰ 전기 분해 ㉱ 분극 작용

㉮

4-18 전기 도금을 계속하여 두꺼운 금속 층을 만든 후, 원형을 떼어서 그대로 복제하는 방법을 무엇이라 하는가?

㉮ 전기 도금 ㉯ 전주
㉰ 전해 정련 ㉱ 전해 연마

해설 전주란 전기 주조를 말한다.

㉯

4-19 액체 속에 미립자를 넣고 전압을 가하면 많은 입자가 양극을 향해서 이동하는 현상을 무엇이라 하는가?

㉮ 정전 현상 ㉯ 전기영동
㉰ 정전 선별 ㉱ 비산 현상

㉯

4-20 확산현상으로 틀린 것은?

㉮ 기체 입자의 밀도에 차가 있으면 열운동에 의하여 밀도가 작은 쪽에서 큰 쪽으로 입자가 이동하는 현상이다.
㉯ 온도가 높을수록 확산이 용이하다.
㉰ 입자 상호간의 충돌 빈도가 클수록 확산이 어렵다.
㉱ 열평형이란 드리프트와 확산작용이 동시에 발생하는 경우이다.

해설 확산 : 농도가 평형을 이룰 때까지 농도가 높은 곳에서 낮은 곳으로 입자가 이동하는 현상

㉮

4-21 정전현상을 응용한 기기는?

㉮ 발전기 ㉯ 전동기
㉰ 전기 집진기 ㉱ 펌프

㉰

찾아보기

ㅈ

ㅊ

저자와의
협의에 의해
인지 생략

알기쉬운

전기응용

3판 2쇄 2025년 3월 4일

저 자 육재호
발행인 송광헌
발행처 도서출판 복두(더)
주 소 서울특별시 영등포구 경인로82길 3-4
센터플러스 807호
(우) 07371
전 화 02-2164-2580
FAX 02-2164-2584
등 록 1993. 11. 22. 제 10-902 호

정가 : 19,000원

ISBN : 979-11-6675-449-4 93560

한국과학기술출판협회 회원사